谱写人才高质量发展新篇章

——中国石油勘探开发研究院人才培养探索与实践

主　编　张　宇

副主编　杨　晶　徐　斌　张德强

编　委　马丽亚　黄家旋　万　洋　明　华

王　茜　马琳芮　韩冰洁

人民日报出版社

图书在版编目（CIP）数据

谱写人才高质量发展新篇章：中国石油勘探开发研究院人才培养探索与实践 / 张宇主编. --北京：人民日报出版社，2023.11

ISBN 978-7-5115-8023-8

Ⅰ.①谱… Ⅱ.①张… Ⅲ.①油气勘探—人才培养—研究—中国②油田开发—人才培养—研究—中国 Ⅳ.①TE-4

中国国家版本馆 CIP 数据核字（2023）第 201041 号

书　　名：谱写人才高质量发展新篇章
——中国石油勘探开发研究院人才培养探索与实践
PUXIE RENCAI GAOZHILIANG FAZHAN XINPIANZHANG
——ZHONGGUO SHIYOU KANTAN KAIFA YANJIUYUAN RENCAI PEIYANG TANSUO YU SHIJIAN

主　　编： 张　宇

出 版 人： 刘华新
责任编辑： 孙　祺
封面设计： 吴　睿

出版发行： 人民日报出版社
社　　址： 北京金台西路 2 号
邮政编码： 100733
发行热线：（010）65369527　65369846　65369509　65369510
邮购热线：（010）65369530　65363527
编辑热线：（010）65369518
网　　址： www.peopledailypress.com
经　　销： 新华书店
印　　刷： 凯德印刷（天津）有限公司

开　　本： 710mm×1000mm　1/16
字　　数： 304 千字
印　　张： 16.5
版　　次： 2024 年 1 月第 1 版
印　　次： 2024 年 1 月第 1 次印刷

书　　号： ISBN 978-7-5115-8023-8
定　　价： 98.00 元

前 言

习近平总书记在中央人才工作会议上强调，“深入实施新时代人才强国战略，加快建设世界重要人才中心和创新高地”。这为人才强国指明了方向，为人才强企和人才强院明确了路径。

国以人才而盛，企以人才而兴。纵观世界，一流企业的竞争，归根结底是人才的竞争。中国石油在世界500强企业排名前五，多年来始终把锻造人才工程作为重中之重，推出的人才强企工程成果初显。

中国石油勘探开发研究院身为油气勘探尖兵，历经65年发展，培养会聚国内多名石油领域知名院士、专家，在中国石油主营业务从无到有、从小到大、从单一到多元、从默默无闻到业界闻名的科技兴油史上，注重基础研究，破解了复杂地质条件下找油探气的诸多世界级难题。勘探院持续加大科技创新力度，打造原创技术策源地，从中浅层走向超深层、从常规走向非常规、从国内走向海外，谱写了无数科技佳话，助力中国石油从传统能源企业向世界一流综合性能源企业转型，贡献卓越。

然而，随着近年来我国油气资源劣质化，找油探气难度越来越大，为确保国家能源安全，端稳能源的饭碗，勘探院急需培养一大批思想作风过硬、基础研究扎实、熟悉一线生产、创新意识强，且善于提出问题、分析问题、解决问题的科研工作者。实现这个目标，任重道远。

乘着集团公司推出人才强企战略的东风，勘探院进一步深刻理解人才是第一资源的本质，把人力资源开发放在最优先位置，全面提升人才价值，不断增强企业核心竞争力和综合实力。勘探院选准实施路径，把人才作为强企之基、转型之要、竞争之本、活力之源，人才强院工程加速推进。

外派、接收挂职干部在人才强院系列工程中特色鲜明。在实施过程中，勘探院选拔优秀的中青年业务骨干深入油气田企业一线挂职、锻炼，同时接收油气田企业优秀科研工作者前往勘探院挂职，推行两年来成果喜人。

勘探院外派的13名挂职干部理论基础扎实、创新能力突出、主动扎根一线，致力于解决油气田生产难题，肩负时代责任担当，胸怀“我为祖国献石油”的初心使命。他们朝气蓬勃，拼搏进取，珍惜挂职锻炼的机会，在鄂尔多斯盆地、四川盆地、柴达木盆地、准噶尔盆地、松辽盆地等挂职岗位上，协调勘探院、油气田企业、大学、兄弟科研单位等优势力量，以解决油气田企业生产技术难题为己任，与各方科研人员齐心协力，深入油田现场，获取一手资料，把基础研究与生产实践有机结合，通过攻克制约油气田生产的技术难题，彰显勘探院挂职干部的石油精神、铁人精神和石油科学家精神。

接收干部均是各油气田企业科研骨干，基层经验丰富，对于制约油气田生产的难题抓得准，是带着实实在在的问题来的，一心只为增储上产。他们很快融入勘探院的研究氛围中，积极学习交流，通过参加高端论坛、学术研讨等，与勘探院院士、专家们共同解决难题，有针对性地指导油气田生产实践，收获大、提升快。

在此期间，勘探院外派挂职干部曹正林因工作业绩突出，受到西南油气田高度赞誉。曹正林是勘探院石油与天然气地质研究所的一名优秀科研工作者，响应院党委号召，前往四川盆地挂职锻炼。在他看来，能在如火如荼的油气勘探主战场攻坚克难，把多年来在勘探院积淀的坚实基础研究功底应用于油田实践，解决西南油气田页岩气深层、超深层勘探开发急、难、愁、盼的世界难题，是挂职干部神圣的责任与使命。他是这样想的，更是这样做的。

外派挂职干部吴松涛，于 2023 年 5 月 4 日获得“中国石油集团十大杰出青年”荣誉称号。在青海油田挂职期间，他和油田同事瞄准制约生产的难题，在地质条件异常复杂、自然生态环境十分恶劣的花土沟生产现场，获取第一手材料，与油田、勘探院同事勠力同心寻求解决方案。吴松涛的优秀表现，得到了青海油田上下的高度认可。

带着问题来，走到实践中去，这是人才强企、人才强院的具体践行，成果丰硕。干部挂职是勘探院人才强院工程的一个载体，通过外派和接收挂职干部，勘探院将培养出更多一专多能的专家队伍，助推中国石油高质量可持续发展。

路漫漫其修远兮，吾将上下而求索。勘探院在加快建设世界一流研究院的进程中，始终把握人才是企业核心竞争力，人才是企业高质量发展之基，未来将以更加强烈的担当、更加务实的举措，开启人才强企战略新征程，得其心、汇其智，努力开创人才辈出、人尽其才的新局面，矢志为国献石油，为服务国家高水平科技自立自强提供坚强的人才支撑。

由于编者水平有限，书中若有错误或不妥之处，敬请批评指正。

2023 年于北京

目　录

第一部分　人才强院启新篇　挂职锻炼铸高地

第二部分　我为祖国献石油　油气盆地立新功

第三部分　我在新岗聚合力　破解难题真作为

第四部分　科学沃土勇登攀　扎根一线见成效

第五部分　勇挑重担奋力行　累累硕果向未来

| 第一部分 |

人才强院启新篇　挂职锻炼铸高地

任重道远　未来可期

好干部不会自然而然产生。成长为一个好干部，一靠自身努力，二靠组织培养。干部挂职制度就是组织培养干部的重要形式，在培养优秀干部、激发工作活力、探索干部制度改革等方面意义重大、成效显著。

挂职锻炼作为干部人事工作的重要内容，是人才培养的一项有效举措。近年来，从中央国家机关到各级政府、广大高校及科研院所，广泛组织开展优秀干部挂职交流工作，为干部队伍建设送来了宝贵资源，注入了新鲜活力，培养了大批人才。中国石油作为特大型企业，除成员单位所处地域、专业不同和文化差异之外，总部、子分公司、基层企业之间的管理理念、思维模式、工作作风也均有差别，挂职锻炼对于增进企业内部的联系与交流、培养具有综合素质的复合型人才具有重要意义。

中国石油勘探开发研究院作为支撑中国石油上游业务的主力科研院所，近年来把推行干部挂职作为人才强企的重要工程之一。通过工程的深入开展，激发了外派挂职干部与接收挂职干部干事创业的激情，坚定了外派挂职干部扎根一线、立足基层、解决油气田生产难题的信心，加强了接收挂职干部的理论研究水平，促进了挂职干部综合业务水准的提升。

一、挂职锻炼在人才培养中的重要作用

（一）挂职锻炼是强化人才队伍建设的现实需要

近年来，勘探院在中国石油集团的战略引领下，压缩机构、精干岗位，企业发展活力和运行效率显著提升，但人才队伍能力素质还不能较好满足发展要求。比如，科研业务骨干虽然专业基础理论研究功力扎实，创新能力较强，但缺少一线实践经验，以致科研工作脱离生产实践，科技成果转化率低，无法解决油气田生产难题。解决这些问题，迫切需要打通人才交流的通道，使各类各层次人才通过挂职锻炼得到提升。

（二）挂职锻炼是促进互动交流共同提升的有效形式

中国石油下属企业多，具体到每名员工，由于所处位置的不同、所站角度的差异，在考虑问题时会有各自的局限与不足。通过挂职锻炼，能够促进不同单位间的沟通和交流，从一定程度上促进干部员工相融互动。勘探院外派挂职干部能够发挥宏观把握、全面思考的优势，把公司层面的信息带下去，增强工作落实的自觉性、主动性和执行力。接收挂职干部能够把下面的情况带上来，有利于勘探院科技研究的针对性。人员的双向交流任职，为接收单位（部室）带来了新的思想、新的观念，注入了新的气息、新的活力，增进了彼此之间的联系与交流。

（三）挂职锻炼是培养复合型人才的必要途径

实践证明，挂职干部这支队伍是一支雪中送炭的“生力军”。挂职能为勘探院人才培养带来新思维、新举措、新变化、新突破，能为油气田企业解放思想、破解瓶颈、点燃激情注入强大动力。通过挂职锻炼，勘探院的这支人才队伍在不同的科研环境下，分别发挥着顶层设计“智囊团”、解放思想“领航者”、创新驱动“助推器”、长期合作“联络人”、相互支持“直通车”的作用。通过挂职锻炼，选派特定人员到指定岗位工作一段时间，是加强新时期人才实践锻炼最高效的做法，能够让科研骨干们在短时间内达到丰富阅历、拓宽视野、增长才干的效果，是“十四五”期间培养院属一体化复合型人才的必要途径及重要手段。

二、挂职锻炼取得的成功经验及存在问题

勘探院每年选拔部分科研工作者前往油气田企业挂职，挂职时间一般为一至两年。

通过全方位多层次的挂职锻炼，勘探院和油气田企业的优秀经验和工作方法得以相互深度交流传播，推动了工作思路、方法和模式的不断创新。更重要的是，通过双向挂职，大批优秀人才开阔了视野，锤炼了意志作风，学习了先进经验，提升了能力水平，促进了健康快速成长，很多人随后走上了更加重要的岗位。同时，集团上下对“挂职锻炼是人才培养的重要方式”的基本定位及其重要作用也形成了广泛共识，挂职人员普遍得到接收单位的广泛认可。

通过对挂职锻炼的不断探索、及时总结，勘探院形成了“精心策划、跟踪管理、总结完善”的经验做法。精心策划，就是精心选拔挂职人员，精心安排挂职岗位，精心制定挂职计划，为挂职锻炼取得实效奠定扎实基础；跟踪管理，就是抓好启动阶段的安排部署，抓好定期的总结交流，抓好挂职计划的落

实调整，保障挂职锻炼顺利实施；总结完善，就是挂职结束时挂职干部个人的全面总结、接收单位的考核评价，以及挂职锻炼效果的评估。

分析审视近年来的挂职锻炼工作，由于挂职人员身份、挂职岗位以及管理等方面的原因，挂职锻炼也存在一些问题和不足。一是陷于事务，到上级单位挂职的人员，多忙于基础性、繁杂的事务工作，重要工作的历练不够，业务专业的辅导不足。二是流于形式，到下级单位挂职的人员，受到的关心、照顾多，承担的任务和压力小。三是对于挂职干部管理责任不清，派出单位不便管，接收单位管得浅，考核责任也不清，使得挂职干部的管理主要靠自觉。四是有些干部进步不大远离单位、远离领导，短期思想、做客思想，加上考核管理不够完善，使得挂职干部在挂职期间压力不大，学习劲头不足。

三、挂职干部要在实践中有所求有所为有所得

（一）虚心学习，努力提高自身素质

挂职岗位不仅为挂职干部提供了施展才华的大舞台，更营造了继续学习的好环境。挂职干部要深化对基层工作的理解与认识。“上面千条线，下面一根针”，基层是集团公司治理体系的神经末梢，是党组联系群众的桥梁和纽带，肩负着把国家大政方针政策，党组部署逐项落实下去的责任；要虚心请教，主动学习，自觉向生产一线人员学习，向实践学习，尽快适应新环境，熟悉新工作；要调整好心态，摆正自己在新单位的位置，迅速融入，迅速找到归属感，将自己定位为新单位的一员，主动沟通，主动在工作中担当、在担当中作为、在作为中成长，以脚踏实地的精神、求真务实的态度开展工作，为挂职单位多做实事，为自己积累更多实践经验，全面提升能力和水平。

（二）转变角色，积极投入新的工作

无论是到油气田企业挂职，还是到勘探院挂职，到了新的岗位都要爱岗敬业。要淡化原来的身份，迅速转变角色，对过去的工作成绩不炫耀、不自夸，在挂职岗位上对号入座，不计位次尊卑，不言待遇差距，不图面子虚荣，只求增长才干，力求事业发展，努力以主动的姿态、实际的行动，迅速进入角色。要坚持短期挂职长期打算，深入思考“参加挂职为什么”“挂职期间做什么”“离开岗位留什么”三个问题，安下心、埋下头、扎住根，尽快以主人翁的姿态融入新集体，在扎实工作中经风雨、见世面、增见识、长才干，实实在在做几件看得见、摸得着、让大家记得住的实事。

（三）转变作风，树立挂职干部良好形象

选派人员进行挂职锻炼是组织行为，挂职人员不仅代表自己，还代表所在

单位的工作水平和精神风貌，直接关系组织形象。首先，挂职干部要做“主人”而非“过客”，要从思想上明确挂职是“做事”而不是“做客”，用心、用情、用责任去对待挂职，既要“身挂”更要“心挂”，切忌“身在曹营心在汉”。其次，要把挂职当作“炼金”而不是“镀金”，挂职不是跳板，更不是筹码，通过挂职要精准弥补知识弱项、能力短板和经验盲区，更加注重接地气、察实情，克服“候鸟”心态，在工作中不断增长才干，切实提高解决实际问题，实实在在锻炼、实实在在做事。再次，挂职要讲奉献，杜绝“虚挂”，真正做到全情全力找准定位，迅速转换角色，以主人翁的姿态埋头苦干，牢固树立“有为才有位”的思想，力争在相对短暂的挂职期限内，实实在在地做几件看得见摸得着的实事，要自觉把挂职锻炼过程作为对自己党性、党风和人格修养的一次考验，坚持高标准、严要求，以自身过硬素质展现挂职干部的良好形象。

奋进新时代，勘探院人才成长进步面临着大量新知识新领域带来的新挑战。组织人事部门要用好挂职这个载体，不断探索完善挂职选派、严格管理的有效途径，坚持实干实绩并重，坚持评估评价并行，坚持“考准考实”并用，着力发挥挂职工作推动事业发展和培养锻炼干部的多重作用。挂职人员要以转换角色为前提，以“把准脉搏”为基础，以“对症下药”为关键，以攻坚克难为重点，以脚踏实地为保证，把握机遇摆正位置，扑下身子、增长才干、双向赋能、珍惜机会，从基层做起、从精细做起、从务实做起、从严谨做起，主动迎接挑战，真正为新时代新发展贡献自己的才能和智慧。

让挂职干部炼成“真金”

挂职锻炼，是培养和深化干部交流的重要形式，能够有力推动干部成长成才。为让挂职干部炼成“真金”，真正做到审而再行、思而后行、尽力而行、律己同行，需要做好以下工作。

多措并举，严把选优关，在精挑细选中选准好干部。培养干部要选准苗子，要注重推荐对象，优先从优秀年轻干部人才递进培养对象、从后备干部中推荐选拔。要注重选人标准，科学制定选派挂职锻炼干部的条件，把德优能强的干部选出来，把责任心强、业务能力强，执行力强特别是敢于担当，一心扑在科技攻关、科技创新的优秀年轻干部纳入选拔行列。要注重选人方式，通过了解走访，搞好测评，把口碑好、业务能力突出的干部筛选出来。严格选拔程序，严把推荐关，组织考察关，结合个人意愿，选准发展潜力大、有朝气、富有干劲的优秀年轻干部进行挂职锻炼。

立足大舞台，严把管理关，在培养发力中锤炼真本领。让挂职干部有真作为，还需用真火炼。聚焦单位人才需求和社会经济发展要求，对挂职干部压担子，挂职重点项目，承担急难险重任务，让他们熟悉相关领域，尽快进入角色，拓展思维，开阔眼界，锤炼科研能力，增强创新能力，提升决策能力。聚焦挂职干部能力增长，为年轻干部铺设道路，实施再培养，因人施策，人岗适宜，让挂职干部专业知识更精，专业能力更强，不断增强助推发展的本领。

举好指挥棒，严把考核关，在严管厚爱中激励真人才。挂职干部需要选出来，更需要管出来，要坚持严管厚爱，坚决摒弃挂职干部镀金思想，以挂职为升迁的跳板。对挂职干部的管理，要严把考核关，工作干得怎么样，以精准考核结果说了算。要制定挂职干部考核指标，围绕推进重点项目落实、解决实际问题、群众认可度等方面评价挂职干部；完善考核测评机制，多角度了解考核对象的工作实效，精准综合评定情况，并将考评结果作为干部选拔任用、评先评优的重要依据，激励干部成长成才。

| 第二部分 |

我为祖国献石油　油气盆地立新功

向戈壁荒原更深油海远航

——记中国石油勘探开发研究院挂职干部杨帆

挂职感言：向下扎根，向上生长

放弃保送北大读研，义无反顾地投身石油勘探研究；为了油气勘探事业，每年 200 多个日夜摸爬滚打在几千公里之外的戈壁荒原，只把极少的时间留给北京的家人；而立之年便承担起准噶尔盆地石炭系风险勘探研究、玛湖凹陷二叠系夏子街组等“最难啃的骨头”项目，成为青年科研工作者优秀代表……这就是中国石油勘探开发研究院一级工程师、吐哈油田勘探开发研究院挂职副院长杨帆。

钟情石油显初心　谆谆教诲点成金

2010年盛夏，炎炎烈日炙烤着勘探院博士后招生办公室。同样炙热的，还有众多应聘博士生投向评委们的目光——能够进入这所被誉为中国石油行业的皇家学院，多少学子梦寐以求。

当一份简历出现在评委案头时，评委们眼前一亮：杨帆，中国地质大学能源专业博士毕业生，本科毕业时曾放弃被保送北京大学读研的机会，毅然选择中国地质大学（北京）能源学院石油专业。真知灼见的博士毕业论文，足见其泛舟书海的苦读和出众的智慧；优异的学校表现，彰显着他的品学兼优。这些，让评委们不约而同地把来勘探院博士后站工作的“橄榄枝”伸向了杨帆。

这是杨帆的梦想：从事一项能把理论研究及时转化为生产应用的职业是人生选择的一大幸事。进入勘探院博士后站，离这一梦想更近了一步，杨帆激动万分。

杨帆有幸参加了“十一五”国家重大专项岩性地层油气藏方面的研究，重点参与了准噶尔盆地地层油气藏的解剖和全国地层油气藏成藏规律的总结工作。这项既要承担地层油气藏深入解剖，又要参与整个课题总结的工作，对关键问题深入研究能力和宏观规律总结能力都提出了很高要求。这些工作，对于习惯于“久历学海苦作舟”的杨帆来说不算困难，但在经常性地总结汇报面前，他胆怯了。

“我是一个没见过大世面的‘菜鸟’，最不擅长当众讲话和汇报，一出台露面就会特别紧张。”他自嘲道，“汇报时，众多的领导和专家坐在台下，炯炯目光投向我，我就更不会说话了；对全国地层油气藏的了解不多，难以把握宏观规律，我担心汇报时出错。”

杨帆牢记勘探院老师们的悉心教诲，每次都出色地完成了汇报任务，领导和专家对他的汇报给予了充分肯定。

之后，杨帆连续参与了“十一五”“十二五”科研项目，并承担了“十三五”科研项目。在国家油气重大专项“十三五”收官之际，他负责的研究任务在创新成果、经费使用、档案管理等多方面的综合评价均高分通过验收。

“这些经历对我的科学思维方式、科研管理水平都有极大地提高。”杨帆总结道。

“面壁”两年图真相　敢啃硬骨勇担当

从 2010 年进入勘探院博士后站，杨帆一直在准噶尔盆地从事勘探研究，平均每年 200 多天在新疆现场工作。10 多年来，杨帆潜心钻研、默默奉献、勇挑重担、不断创新，每个项目都尽心尽力完成。

2014 年，杨帆开始承担准噶尔盆地石炭系风险勘探研究。“石炭系以火山岩为主，我过去从来没有接触过火山岩油气勘探，但生产节奏又不允许自己慢慢学习，只能利用晚上的时间多看资料加强学习。”回忆十几年的工作经历，杨帆对这次勘探研究记忆深刻。

这一领域是准噶尔盆地重大战略接替领域之一。2006 年油田部署的风险井莫深 1 井并未获得成功，导致这一领域的勘探陷入困境。

杨帆和同事们认真梳理前期研究，找准研究突破口，加强对深层石炭系风化壳储层的评价和流体相态的预测等研究。他们认为，深层以凝析油为主，地层压力大，储层物性好，可获得高产。2015 年，玛湖凹陷东斜坡达探 1 风险井钻井显示非常活跃，油气显示纵向跨度达 2500 米。然而，产油量距离预期出现了较大偏差。

什么原因？研究人员百思不得其解。“只要把工作做细，就一定能发现真相。”2016—2017 年，杨帆在岩心库一厘米一厘米地看，在实验室对薄片一张一张地观察，对数据一个一个地分析，对地震剖面解释一条一条地梳理。面壁两年，他终于发现了真相：这口井蕴含着丰富的油气包裹体，这是一个非常有潜力的富油气区带，未获得高产油气的主要原因是这个构造被后期断裂破坏，部分油气运移到浅层，浅层应该能找到大油气藏。根据这一发现，杨帆提出了石炭系要围绕源储大型对接窗口和有利储盖组合发育区勘探，在中浅层寻找有利构造——岩性目标群的观点。

这一观点在后期勘探实践中得到证实，在玛东斜坡二—三叠系实现了规模突破；按照石炭系勘探思路，油田在石西凸起多口井获得百吨，甚至千吨油气高产，并在深层石炭系领域再次通过 3 口风险井。

2019 年 10 月，中国石油集团准备在克拉玛依召开准噶尔盆地指挥部研讨会，安排准噶尔盆地玛湖凹陷自下而上总共 10 个层系的研究汇报。然而“二叠系夏子街组”作为最难啃的骨头，之前没人系统研究过，这个烫手的山芋没人敢接。

“我来接!”杨帆主动请缨，顶住压力，没日没夜地奔波在现场。从基础数据统计到最后的综合评价，短短一个月，他完成了玛湖凹陷夏子街组的整体评价研究。研讨会上，这项研究得到了与会专家的一致认可，为新疆油田下一步勘探领域的选择提供了依据。

不为镀金为探油 吐哈迎来勘院人

2021 年 8 月，杨帆被派到吐哈油田挂职锻炼。担任吐哈油田勘探开发研究院副院长，负责吐哈探区基础地质研究、吐哈探区风险勘探研究。

“挂职不是镀金、不是享受，而是锻炼、是挑战。”刚到吐哈油田，杨帆就与基础研究项目团队一起对吐哈油田的构造、烃源岩、沉积储层和成藏进行了系统梳理和总结，查漏补缺地开展针对性研究工作，极大促进了吐哈盆地基础研究和整体认识。在风险勘探研究方面，他深度参与到准东地区奇探 1 风险井研究中。在 2022 年 3 月 2 日中国石油股份公司风险井审查会上，吐哈油田一次顺利通过奇探 1 等 3 口风险井论证，创造了吐哈油田风险勘探历史。

为了推进吐哈油田研究院成果有形化的进程，杨帆用经验和实例，专门做了如何申请专利的专题讲座，收到很好的效果。许多科研人员找他探讨他们的研究成果。通过讨论和交流，初步提出了多项专利申请的方案。

杨帆之前专注科学研究，和人打交道并不是特别擅长，但是为了能够把更多的专家吸引到吐哈油田来，他多次邀请勘探院和高校的专家、教授来吐哈油田授课。特别是新冠疫情期间，既要协调专家、参会人的时间和场地等，还要密切关注疫情防控政策，保证会议高质量安全举行。

“对吐哈的感情已经像一粒种子，在我心中落地生根，实在无法想象挂职结束那一天，离开这片热土，我将会有多么不舍，我在这里收获的是友情和亲情。”

“但使主人能醉客，不知何处是他乡。”是的，吐哈油田让杨帆感受到家的氛围。由于工作繁忙和疫情的原因，杨帆除了国庆节回了趟北京的家，其他时间一直在哈密。元旦、春节，吐哈的同事们都会陪他过节，让他从未感觉自己身处他乡。这让他想起了在新疆油田时，由于长年驻扎在油田现场，新疆油田的同事们心疼他：“我再也不想在这见到你了”，他还以为有什么工作没做好，连忙问原因。油田的同事却说：“我在这见你时间越多，说明你照顾家里的时间越少。”听完这句话，眼眶顿时湿润，杨帆感受到的是天下石油一家亲。

有人说，作为勘探院青年学术人才的优秀代表，杨帆是成功的。谁知成功的背后，浸透着自幼红色家庭“孝家爱国、吃苦耐劳”潜移默化的教育，凝结着勘探院领导、导师、同事们的心血。

“长风破浪会有时，直挂云帆济沧海。”杨帆信心满满，向着戈壁荒原更深的油海远航。

【编后语】 杨帆阳光、上进、谦谨、年轻有为，赴吐哈油田挂职锻炼在他看来是难得机会。吐哈油田是他成长的新起点、新战场。到油田一线去，把自己多年积淀的理论功底应用于吐哈油田生产实践，解决油田生产难题，为老油田增储上产贡献青年科技力量是他对自己的定位与勉励。胸怀这样的初心、梦想，杨帆脚踏实地、不畏艰辛、迎难而上、终有所获。不久前，杨帆负责的吐哈盆地基础取得 4 项新成果；吐哈油田全年风险部署迈上新高峰；油田研究院有形化成果实现新增长……杨帆用优秀的业绩书写着挂职干部的职责与使命。

久久为功　锚定油气田难题不放松

——记中国石油勘探开发研究院挂职干部曹正林

挂职感言：论文写在实践中，原创推动大发现

中国石油集团董事长戴厚良在谈到推进人才强企工程时曾指出，要发扬石油工业“三个面向、五到现场”优良传统。

作为中国石油原创技术策源地，中国石油勘探开发研究院全面实施人才强院“六大专项工程”，打通与油田企业和海外地区公司人才双向交流通道，选派一批优秀技术干部到油田挂职锻炼，全力构建人才发展“雁阵格局”。

曹正林就是这批挂职干部的优秀代表之一。他被选派到西南油气田勘探开发研究院担任副院长以来，锚定致密气勘探开发理论技术难题持续攻关，在西南油气田生产现场用智慧和汗水诠释了“螺丝钉科研精神”。

做中流砥柱勇于担当

2022 年 4 月 15 日凌晨，西南油气田公司科技大厦的一间办公室内，曹正林与勘探院 10 多名科研人员正在紧张地忙碌着。他们分析一张张地震剖面，核实一组组测井解释数据，绘制一幅幅综合评价图件。一夜未眠，《川中天府气区沙一段气藏钻井动态跟踪评价》汇报用的多媒体报告终于编制完成，曹正林和同事们长长地舒了一口气。为了这份报告，他们已经连续工作了 3 个通宵。

“来到西南油气田后，我面临的最大挑战就是遇到的研究课题都是生产中的急、难、重问题。一个问题出现，大多 3—5 天之内就必须解决，因为钻机不等人，这个时候我们就要直面挑战，勇于担当。作为中国石油直属院所科技干部，组织派我到油气田生产一线挂职，我要像螺丝钉一样，锚定一个领域、一个方向，久久为功，持续攻关，直到破解难题。”曹正林通过油田生产实践心有所悟。

这是一次遭遇战。按照 2022 年年初勘探工作部署，西南油气田计划 2022 年在天府气区提交千亿方级的致密气探明地质储量。来到西南油气田勘探院仅 4 个月的曹正林负责组织这项研究工作。然而，4 月初永浅 8、永浅 10 和永浅 14 等几口井完钻后，3 号砂层组测井解释出气水层，结果与原来的地质认识不完全一致，需要短时间开展地质、物探、测井综合研判，准确识别气水分布与含气范围，动态跟踪评价气藏，为后续井位调整部署和储量方案提供科学合理依据。

时间紧、任务重、责任大。4 月 7 日，曹正林与西南油气田勘探院文龙院长立即组织致密气中心、地物所、西南物探院等单位 10 多名科技人员联合攻关。他们从基础地质统层、精细砂层组划分对比入手，完成了精细层位解释、小断层解释、河道砂体拆分等精细气藏描述研究工作，准确描述了气藏含气范围和气水分布。仅用 1 周时间就拿出“井位调整部署建议和储量最新方案”，完成了别人眼里根本不能完成的任务，为致密气评价井位调整部署提供了决策支撑。

彻夜不熄的灯光一直陪伴着曹正林。快速上产的西南油气田企业科研生产任务十分繁忙、任务艰巨。相对于中国石油集团直属院所，油田研究院科研工作没有酝酿期、没有缓冲期、更没有空闲期。现场井位跟踪、动态分析、井位部署、方案研究等工作都是快节奏、生产急需的任务。曹正林经常和项目团队通宵达旦，连续奋战。他们基本上没有节假日，一项任务完成后马上面临着又一项紧急任务。就在1个月前，专家组要对永浅3井组进行试采井位论证，曹正林带领科技人员干了一个通宵，把可行性报告在次日8点30分准时送到专家组面前，10口水平井组顺利通过专家审查。

力学笃行赴一线实践

5个月的挂职锻炼，让曹正林深入到油气田生产一线，将理论应用于实践，更加准确地发现并解决了一些制约勘探生产的关键问题和科学难题，也让他更加深刻地理解了勘探院党委把一批年轻科技人员派赴各个油田挂职锻炼的良苦用心。

2021年12月，勘探院领导找曹正林谈话，希望他能作为企业技术专家，充分发挥自身理论技术优势和丰富的勘探研究经验，到西南油气田去挂职锻炼，为西南油气田增储上产贡献力量。曹正林听后心情十分激动，他一直希望能把多年所学的理论知识应用到油田生产实践中去。

1997年，曹正林入职勘探院西北分院，后又调到石油天然气地质研究所，转战渤海湾、柴达木、准噶尔和四川盆地，带领科研人员长期奔赴油田一线，针对制约油气勘探的重大理论技术难题，与生产紧密结合开展攻关研究。曹正林把所学的理论运用到实践中，又通过实践丰富了理论认识。

曹正林先后负责完成了《柴达木盆地勘探开发技术研究》《大中型岩性地层油气藏富集规律与关键技术研究》等重大专项课题任务。其中，《柴达木盆地油气勘探开发关键技术研究》《青藏高原复杂油气区晚期成藏理论与勘探目标综合评价技术研究》《残余洋体系成烃成储成藏理论及勘探实践》等成果获得省部级科技进步一等奖，助推砂37、东坪1、车探1和康探1等探井获得重大发现，参与完成的《准噶尔盆地阜康凹陷风险探井康探1获重大突破》获中国石油集团2020年度油气勘探重大发现特等奖，为英东、东坪和阜康等大型油气田的发现作出了重要贡献。

须劲竹沐雨经受磨砺

尽管曹正林对石油天然气开发理论谙熟于心，但面对油田生产开发的实际，并没有出现意想中的所向披靡。有两次生产实践对他触动极大。

一次是他刚上任的第二天，领导就安排他带队赴北京参加八角场气田合作区块开发调整方案评估会。这次评估会，让他发现了“三不熟”：以前主要从事项目研究，对油气田生产业务不熟；以前主要从事常规油气领域，对致密油气等非常规领域不熟；以前主要从事勘探业务，对开发业务不熟。加上油田生产节奏快、工作忙，更给他挂职工作带来了挑战。另一次是他带队参加金秋气田金浅 5H 井区、秋林 16、中浅 1 井区沙二气藏开发方案审查会。对于大型气藏开发方案，曹正林第一次接触，涉及他不熟悉的地质与气藏工程、钻完井工程、地面建设、经济评价及 QHSE 等多个专业领域。

对业务不熟悉，他就虚心学习，向书本学、向专家学、向同事学。短短 3 个月，曹正林认真研读了《非常规油气资源勘探开发》《非常规油气地质学》等书籍，请教了多名业内知名专家，问遍了身边的同事。同时，他随时关注每一个钻井、试油、试采动态数据，制作重点井生产动态信息卡片，及时把握油气田生产动态……

四川盆地是一个超级富气盆地，天然气资源量位居全国第一。为此，西南油气公司制订发展规划，预计到 2030 年年末建成我国第一大天然气田。这给曹正林的致密气探索提供了巨大的平台。他按照致密气勘探开发一体化、工程地质一体化、技术经济一体化实施运行的原则，带领团队夜以继日地开展研究工作，覆盖了勘探开发和经济评价全业务链。

2022 年 3 月，基于四川盆地致密气勘探开发现状和规模增储上产重大需求，西南油气田公司设立了“致密气重大科技专项”项目。作为项目负责人，曹正林组织 8 家单位共 50 多名技术精英，仅用 1 个多月时间，系统梳理了盆地致密气领域六大科学问题和九大技术难题，并拿出了具体攻关方案，设置勘探、开发和工程三大课题开展研究。项目开题设计方案获得专家组高度评价，开启了盆地致密气研究新征程。

“虽然工作繁忙，但想到自己所做的工作与油气田上产 500 亿、奋斗 800 亿的目标息息相关，能在西南油气这个超级气田践行我的理想，感觉到莫大的欣慰与幸福。”曹正林说。这笔人生财富弥足珍贵，集党员、专家和领导于一身的曹正林，用“螺丝钉科研精神”，为西南油气田致密气勘探开发取得更大突破贡献自己的力量。

【编后语】曹正林是挂职干部的优秀代表，他这样诠释挂职感受与认识：科研人员必须到生产实践中去淬炼洗礼，实现从地质家向勘探家的转变。挂职锻炼有效提升了自身找油探气能力和科技创新能力。勘探院与油气田企业深度融合，优势互补、携手创新，共同推进高质量发展。通过挂职交流，把勘探院求真务实的工作作风和科学严谨的研究精神带到了油气田，让油气田员工体会到了严谨的石油科学家精神。同时，自身也接受了重大发现、重大方案的淬炼与洗礼，更加深刻理解了石油科学的内涵，增强了科技创新的使命感和责任感。

用滴水精神击穿戈壁勘探顽石

——记中国石油勘探开发研究院挂职干部徐兆辉

挂职感言：纸上得来终觉浅，绝知此事要躬行

“到条件最艰苦的地方去，以‘滴水穿石’的精神攻克油气勘探难题，这是石油科技工作者的光荣使命。”中国石油勘探开发研究院挂职干部徐兆辉，日前在接受记者采访时感慨地说。

徐兆辉在青海油田挂职锻炼的 4 个多月里，用“滴水穿石”精神，诠释着中国石油集团党组“大力推动年轻干部跨单位、跨领域、跨专业交流锻炼”的初衷。

征战，戈壁黄沙弥漫处

2022 年 1 月 5 日，新年的钟声余音尚绕，刚过不惑之年的徐兆辉风尘仆仆来到了敦煌。在这个全国最艰苦的油田，为国家找油找气的责任和青海油田勘探开发研究院副院长的职务，都让他感到担子格外沉重。

时间回溯到几个月前，柴达木盆地被中国石油列为五大重点高效勘探盆地之一，亟须技术和研究力量支持。中国石油勘探开发研究院积极部署，决定抽调精兵强将组建柴达木盆地研究中心，并选派一名得力的人去青海油田挂职锻炼。派谁去？柴达木盆地“薄多散杂”的地质特点，要求所派人员必须在地震沉积学方面有深厚积淀。经过院党委和领导班子研究决定，最终选派了徐兆辉博士。

这位以专业第一名的成绩留院的博士，十几年来，坚持在四川盆地、塔里木盆地从事油气勘探和沉积储层研究。徐兆辉参加过国家 973 项目、国家油气重大专项、中国石油科技项目和勘探院国际合作项目。在碎屑岩沉积储层和碳酸盐岩地震沉积学方面颇有建树。

徐兆辉曾负责执行两期勘探院与美国得克萨斯大学奥斯汀分校的国际合作项目，与曾洪流高级研究员团队合作，创新地震沉积学研究方法，首次将地震沉积学引入海相碳酸盐岩。在四川盆地川中地区龙王庙组实现定性识别岩相、定量计算储层，在嘉陵江组实现混积环境中预测岩相分布。在塔里木盆地海相碳酸盐岩和碎屑岩沉积储层中广泛应用，先后在古城、秋里塔格、轮南等地区获得良好效果，有效推动了寒武系碳酸盐岩、白垩系和三叠系碎屑岩沉积储层研究和油气勘探。

在多年的油田实践中，徐兆辉的研究成果引起业界关注：梳理提出四川盆地须家河组大型沉积体系发育的 4 个主控因素，既有益于须家河组有利储层预测，也丰富了我国陆相浅水湖盆沉积学的研究；基于野外和井下资料剖析了须家河组大型化砂体发育的主控因素，认为不同的可容纳空间与沉积物供给速率比值控制砂体大面积分布；应用层序地层学和地震沉积学理论技术，建立四川盆地嘉陵江组蒸发环境岩性和储层物性预测的地球物理新方法，预测与蒸发岩伴生的白云岩储层；在塔里木盆地古城地区寒武系深层海相碳酸盐岩地层中首次识别出受潮汐改造型颗粒滩沉积，助推了风险井部署……

从西南油气田到塔里木油田，再到青海油田，徐兆辉的工作环境一个比一个艰苦。刚到敦煌的一段时间，让在海边长大的徐兆辉倍感不适。但是，“缺氧不缺精神，越是艰苦越要奋斗”的柴达木精神时刻鼓舞着他。“只要有滴水一样的恒心，就一定能把戈壁勘探这块‘顽石’击穿。”

初战，地震沉积证“河道”

对于挂职干部的使命，徐兆辉是这样理解的：这是勘探院和油田之间的桥梁——将勘探院的理论技术应用到油田现场支撑油气勘探生产；将油田的生产难题提炼成科学问题，提升勘探院科研攻关的针对性。明确了这一点，徐兆辉便找到了初战青海油田的突破口——解决油田生产难题。

柴达木盆地三湖地区生物气是全球知名、独具特色的天然气类型，也是青海油田天然气生产的主力军。然而，历经数10年的开发，气藏含水率逐年攀升，油田面临扩大勘探规模、稳产增储的难题。徐兆辉在一次风险井位内部论证会上了解到，东方物探的科技人员在斜坡区发现类似河道的地震响应，但该地区是否发育河道，大家意见不一。针对这一难题，徐兆辉立即组织油田科研人员和专家进行讨论，利用地震沉积学特色技术开展联合研究。通过地震地貌学研究，验证了孤立河道响应，还识别出了分枝河道、河道间等典型的河流沉积特征，展现了完整的平面沉积相序，并揭示了沉积环境的垂向演化。同时，利用地震岩性学完成了三湖地区生物气的关键地质参数的定量计算，指出该区中—深层的K9至K13具有岩性气藏勘探的有利条件。这些研究成果，不但有效解决了油田现场面临的生产难题，还开创了基于横波三维地震开展地震沉积学研究的先河。

通过这次合作，徐兆辉与油田其他研究力量建立了协同研究工作模式，有利于取长补短、形成合力，为柴达木盆地油气勘探生产增砖添瓦。

初战告捷，徐兆辉信心倍增，乘胜而进。2022 年 2 月，他组织油田研究院开展地震沉积学讲座，结合生产实际提出重点攻关方向：干柴沟页岩油、三湖生物气、柴西三角洲沉积、柴北缘南八仙河流相、阿尔金山前侏罗系内幕不整合。徐兆辉先后组织 3 次软件实际操作培训，主动联系勘探院西北分院为油田地物中心安装了 8 套地震沉积学软件 GeoSed。在油田首席专家王传武和专家朱文军的帮助下，指导地物中心的科技人员分别针对干柴沟页岩油层系和风西河流体系，开展地震沉积学研究工作。经过 2 个月攻关，两个地区的研究取得较好效果，得到油田公司领导好评。

进击，珠联璧合助双赢

“通过四个月的挂职工作，青海油田研究院的科研人员攻坚克难、不畏艰险、迎难而上的进取精神和意志品质给我很大的启示。”谈起挂职以来的感受，徐兆辉眼前浮现的是青海油田科技人员为建成千万吨规模综合能源新高地而拼搏的身影，“他们激励着我，不拒绝新知识、不回避新挑战，一切从具体生产问题出发，科研聚焦解决实际问题。”

来到青海油田不久，徐兆辉发现，先前的研究需要串联多种商业软件的不同模块，工作流程复杂、效率不高。当时正值中国石油自主软件 GeoEast 在油田进行培训，徐兆辉与地物中心的牛全兵一起边学边干，摸索出了一套成熟的工作流程，在 GeoEast 软件平台上基本实现地震沉积学全过程研究。这一举措，不但解决了油田面临的生产难题，同时帮助一线科研人员掌握了地震沉积学技术，起到了互利双赢的效果。

油田狮新 58 井区深层发现高压高产油气藏，但是成藏机理、储层分布规律等都不明确，严重制约了甩开勘探和高效开发。徐兆辉通过与油田科研人员沟通，明确了地震成像是解决问题的金钥匙，而成像处理恰恰是勘探院物探所的传统优势技术。徐兆辉主动联系物探所专家，明确了成像处理攻关方向，结合柴达木盆地研究中心的地质解释工作，开展处理解释一体化研究，共同攻关解决该地区的生产难题。

勘探院测井所承担着青海油田三湖泥岩生物气股份攻关项目，处在立项的关键阶段。徐兆辉组织勘探院测井所与油田研究院测井所召开技术研讨会，明确生产难题，梳理了科研攻关的技术方向。经双方讨论决定，勘探院与油田研究人员一同参与攻关，并向油田提供测井软件 CIFLog 的安装、培训和技术支持。

徐兆辉深知，每个盆地的大地构造背景和石油地质条件都各具特色，决定了油气勘探所面临的问题也各不相同。柴达木盆地与他研究过的四川盆地、塔里木盆地和准噶尔盆地都不一样，这就决定了柴达木盆地应采取的研究思路、技术手段和管理方法要有针对性。通过一段时间的挂职，徐兆辉逐渐熟悉了针对柴达木盆地强改造、强非均质性特点应该采取的技术手段。现场生产管理中的一些好的做法也使他受益颇多。例如，油田对重点探井采用“挂图作战”的管理方法，针对重点井、重点工作，采用跨专业一体化工作方式，以时间为节点、以问题为导向，大大提高了工作效率和各专业工种之间协调一致性，效果立竿见影。徐兆辉认为可以将这些经验引入今后的科研工作中，以源于实际的科研问题为核心，跨所、跨专业组织研究力量，协同攻关解决难题。

“水，无定形，可因地而制流；但又含坚韧之力，可水滴而石穿。”穿石之水，坚韧不拔，不正是徐兆辉在油田孜孜不倦求索方法、默默奉献攻坚克难的真实写照吗？

【编后语】“缺氧不缺精神，越是艰苦越要奋斗创造价值”。这是徐兆辉对自己的定格。前往青海油田挂职锻炼，他深感肩上的担子之重，压力之大。与油田的科研工作者携手并肩解决一道道勘探难题，为青海油田找到更大场面成为徐兆辉的不懈追求。艰苦的条件、复杂的地质条件、尚无成功经验可借鉴的现状……都没有难倒徐兆辉，他和青海油田的同事们迎难而上，直面挑战，研究做得更深入，生产现场跑得更勤快，创新思维更拓展……滴水穿石，这正是对徐兆辉科研精神的真实写照。

蜀门一入不言返，气龙在缚方道回

——记中国石油勘探开发研究院挂职干部王铜山

挂职感言：一切生产环节　皆有科学问题

2023 年 6 月 23 日，王铜山结束了延长采气厂的高压混输装备考察，回到已挂职 3 个多月的西南油气田致密油气勘探开发项目部。通过这次考察，他得出这样的结论：四川致密气开采并不能直接照搬陕北延长的技术和设备，适用于四川致密气特点的高压混输装置及其工艺方法，是需要攻关的科学问题。这样的考察调研，王铜山已记不清是挂职项目部常务副经理以来的第几次。但是，正是通过现场考察调研，他得出了“一切生产环节，皆有科学问题”的结论，独到的见解，常常得到项目部的积极采纳。

中国石油集团董事长戴厚良关于人才强企的指示声犹在耳，勘探院人才强院的战略牢记于心。王铜山通过挂职锻炼，让几十年的知识积累接受了生产实践的检验，让生产实践丰富了知识储备。

朝乾夕惕心存感恩　重做学生猛补短板

2023 年 3 月，成都的夜晚春寒未尽，王铜山走进西南石油大学校门。身为博士后，可谓学富五车，但他还是利用周末时间前来“寻师问道”，补充学习钻井机械、钻井工程、采油工程等课程。“我要从根本上填补之前专业知识的缺项。”面对记者的疑问，王铜山讲起他初来西南油气田挂职时的“尴尬”。

项目部历经 4 年的砥砺奋进，致密气勘探开发效果显著，开创了四川盆地陆相致密气勘探开发新局面，展现了万亿增储、百亿上产潜力。“这是真正的油田一线生产单位，是科研人才跨单位、跨领域、跨专业挂职锻炼的好去处。”王铜山敏锐地意识到这一点。一到岗位，他就开始进行业务部门和现场作业区调研，想快速融入新团队和业务体系中。

然而，在生产实践面前，王铜山的自信却受到重挫。他发现，项目部的业务范围远远超出了自己之前的工作经验和知识范畴。业务部门的工作汇报，他几乎有一半听不懂，常常处于懵圈状态。这时，油田一位领导看破了他的心思，鼓励他说："别着急，我刚来这里时和你一样，实践要从头开始，慢慢的你会适应的。"

油田领导的鼓励，让王铜山想起了勘探院领导的期望和导师的教诲。

2007 年 6 月，王铜山进入中国石油勘探开发研究院做博士后。十几年间，在导师邱中建院士、赵文智院士的指导下，王铜山依托重大科研项目和团队，从事深层油气成藏机理及富集规律、勘探领域评价与选区等研究，在四川盆地等深层海相油气成藏研究方面取得一系列重要创新成果。出色的业绩赢得了院领导的信任，王铜山博士后出站留院工作，曾获省部级科技奖励 7 项、局级科技奖励 8 项以及第 24 届孙越崎青年科技奖、中国地质学会十大科技进展等重要奖项；先后担任石油地质所副总师、四川项目部经理、石油天然气地质所副所长、油气地球物理所书记。

就在王铜山踌躇满志时，导师邱中建院士提醒他："你现在虽然成绩很大，学历很高，也是正处级干部了，但缺乏油田生产实践经验，这个短板必须补，否则迟早会制约你的业务发展。"

导师的话如醍醐灌顶，王铜山也开始重新审视自己，在日复一日的科研工作中，他感到工作模式越来越程式化，创新的途径越走越窄。只有深入到生产实践中，才有可能找到新的创新源泉。这时，勘探院准备选派一批年轻干部去油田生产一线挂职锻炼。王铜山没有犹豫，立即提出申请，得到批准。出乎意料的是，直接派他到油田生产部门——西南油气田致密油气勘探开发项目部。"你不缺理论知识，缺的是生产经验，到实践中去，才能更好地锻炼。"院领导这样向他解释。

通过 3 个月的调研和学习，王铜山实现了团队融入和角色转换，在生产知识、业务能力方面有明显提高。特别是观念的转变，完全刷新了之前对"生产"二字的认知，对生产业务、科研业务以及二者的结合点有了更深刻的理解。

"桥塞问题"探解途径　锁定难点踔厉攻关

2023 年 3 月 30 日，四川盆地阴雨绵绵。王铜山来到金浅 508 压裂作业现场调研。这个井场使用的是低温可溶桥塞，在地温 40℃—50℃和富含氯离子地层水条件下可以自行溶解而不必打捞回收。王铜山了解到，这种溶解或多或少会留下残渣，有可能会和井底落物发生混积，在后期的油气产出过程中发生堵塞。影响可溶桥塞溶解程度的关键，在于制作桥塞的材质，这是一个亟待攻关的问题。

几个月来，王铜山始终在思考如何从自身的科研积淀中激发出有益于生产的思路或策略，如何从生产业务链条中提炼出像“桥塞问题”一样的科学问题与技术难点。通过与业务骨干、现场作业人员的深度交流，在项目部党政主要领导的支持下，王铜山以“促进地质地球物理融合和打造数字化管理平台”为抓手，作为挂职期间履职担当、发挥作用的发力点。

针对四川致密气井气藏建立的储层和含气性地震预测技术不完全适用这一难题，王铜山与业务科室一道梳理了前期地震技术预测的亮点成果，快速锁定技术难点、聚焦科学问题，详细指导业务科室物探管理人员，分两个层次组织攻关。他们按照地质地球物理融合的思路，联合其他科研院所开展精细地质建模和岩石物理实验方法研究，通过岩石物理、测井、正演分析，建立砂体、储层物性和含气饱和度定量预测方法，力争从基础机理上解决致密气储层识别及含气性预测的技术问题。

生产单位每天的信息量巨大、头绪繁杂、且更新极快，打造先进的信息化管理平台是实现高效管理、减少人力投入和运行成本的重要途径。经系统调研和周密思考，王铜山确定了适合致密油气业务特点的信息化建设思路，将实现"实时同步共享、动态过程监控"作为信息化建设的工作目标，明确了重点任务、关键节点和实现途径。在现有基础上，集成现有平台、打通外联端口、优化操作界面，力争在技术手段和管理模式上实现"强管理"。

一切生产环节 皆有科学问题

"一切生产环节，皆有科学问题。"这是王铜山完成大量业务调研后的最深体会。

2023 年 3 月 8 日，王铜山来到中台 108 井组生产平台调研。这个平台有两口井生产，两井井口相距不足 10 米、井下相距 1000 米，这在地质尺度上是相当近的距离。但是，如此相近的两口井，其产气量和出水量都明显不同，且一个瞬时产量相对稳定，另一个瞬时产量变化较大。这两口井地下的流体分布和压力系统是有差异的，王铜山分析，原因可能是砂体横向差异，也可能是断裂配置不同。但可以肯定的是，三维尺度气藏描述技术和气水分布理论模型，蕴含了亟待攻关的科学问题。

一切生产环节蕴含科学问题的结论，同样在对延长采气厂的高压混输装备考察时得到验证。四川致密气普遍地层压力较低，产出的天然气含有液态烃，生产初期出砂量大。6 月中下旬，王铜山带队赴陕北延长采气厂井场考察。这个井场采用了带有增压装置的撬装式高压混输装置。通过不断增压，一方面可弥补地层压力低带来的输送能量不足；另一方面通过高压气体将液态烃和出砂混合，直接带入外输管线，到集气站之后统一处理，减少了地面的废液回收和处理，大大节省成本和空间。但是，相对于四川致密气，陕北致密气的液态烃含量、出砂量都比较低。因此，四川致密气开采并不能直接照搬陕北延长的技术和设备，适用于四川致密气特点的高压混输装置及其工艺方法，也是需要攻关的科学问题。

根据这些考察结论，王铜山向项目部建言，将构建具有四川致密气特色的生产技术谱系列为项目部重点工作，主要从科技组织方式优化、技术谱系构建两个方面开展工作：把握西南油气田推行致密气科研生产一体化试点的契机，探索建立"1＋N"的科研生产一体化组织模式；全员动员、全面梳理生产业务全链条的技术难点，依托致密气重大科技专项和各类在研项目，布局致密气瓶颈技术攻关"方阵"，从勘探、开发、工程三个方面，擘画具有四川盆地特色的致密气勘探开发工程技术谱系。

项目部采纳了王铜山的建议。根据建议，预计到“十四五”末，项目部将建立起致密气的科研生产一体化高效运行管理新模式。

为祖国献油气，王桐山甘愿奔赴巴山蜀水的风雨中历练，此时，他随即吟出这样的诗句——

破晓风驰振羽飞，天幕苍穹四野垂。抛家别子尚有愧，大江歌罢逐日追。

关山越过无重数，层云飞度万里辉。蜀门一入不言返，气龙在缚方道回。

【编后语】到基层一线去，补足自己的短板。在学术上已小有成绩，个性开朗率真的王铜山搭乘挂职锻炼这列高铁，驶向了他心心念念的四川盆地西南油气田生产现场。生产实践中“恶补”，进大学校园“恶补”，这位底蕴厚重的博士没想到自己要学的内容真多，要做的实事真多，他牢牢把住“一切生产环节皆有科学问题”主旋律，在生产现场发现问题，带着问题解决问题。这样的锻炼在他看来成果不言而喻，这定会为他日后科研方向的精准奠定坚实的现场基础，王铜山在挂职岗位上正快速成长着。

把青春融入铁人精神的血脉中

——记中国石油勘探开发研究院挂职干部江青春

挂职感言：江山代有人才出，青春不负找油志

终于完成了两个会议汇报材料的准备，完成了油田四大领域的风险材料部署协调，带领西部深层团队完成汇报材料准备……2022 年 12 月 5 日凌晨，中国石油勘探开发研究院石油与天然气地质研究所、四川中心副总地质师江青春走出大庆油田勘探开发研究院办公室，踏着漫天的飞雪，如释重负地长舒一口气。他已连续两周工作到凌晨。

此时，江青春来到大庆油田勘探开发研究院挂职锻炼仅 5 个月。其间，他参与了 90 余次专业会议研讨。烈日酷暑，他深入四川分院进行现场风险勘探研究 30 天，高质量完成井位论证；新冠疫情下，吃住在办公室坚守 60 多个日夜，完成大庆油田风险勘探研讨会汇报材料准备和深层专项后评估；任务急迫中，完成全国风险勘探研讨会汇报任务。在这里，江青春领略了大庆石油人“三老四严”的工作作风，苦干实干的拼搏意志，并渐渐将其融入血脉中……

勇战酷暑，野外考察寻突破

2022 年 6 月 29 日，江青春风尘仆仆来到大庆油田勘探开发研究院，开始了为期 1 年的挂职锻炼。来到大庆精神（铁人精神）的发源地，江青春无比兴奋，也对勘探院能够选派自己到大庆充满了感激。

为践行中国石油集团人才强企战略，中国石油勘探开发研究院选派了一批技术水平高、综合能力强的科研人员前往各个油田挂职锻炼。江青春有幸成为其中一员，被派往大庆油田勘探开发研究院任副总地质师。这位集“院先进工作者”“青年岗位能手”“青年十大科技进展”等荣誉于一身的青年博士，从到大庆油田那天起，就决心身为大庆人，就要有大庆人的那种苦干实干的精神，为自己的挂职锻炼交上一份满意答卷。

一周后，江青春在成都川渝四川分院现场，与川渝风险勘探团队联合开展页岩油勘探研究工作。尽管他多年来持续开展四川盆地油气综合地质研究和井位部署支撑，是位名副其实的“老四川”，但他发现，自己对大庆川渝的页岩油及须家河等陆相领域的了解仅停留在表面，对页岩油的勘探开发动态、技术细节和详细岩相特征缺乏更深层次的了解。为了快速了解领域情况，江青春改变了在室内通过汇报材料慢慢了解的传统做法，他主动请缨，带队开展侏罗系页岩油野外地质考察。

川渝大地，艳阳高照，酷暑难耐。江青春考察团队日未出已行，日已落未归。他们肩背矿泉水和资料包，手拎地质锤，在烈日炙烤下、汗水浸泡中，每日驱车翻山越岭 200—300 公里，用 5 天考察了侏罗系整体剖面、凉高山组对照剖面 4 个典型露头。通过地质考察，江青春填补了自己陆相领域的盲区，带领项目组建立了四川盆地侏罗系自流井组—沙溪庙组地层的沉积构造三维概念；对比观察营页 1 井钻井岩心，更全面、立体地认识了沙溪庙、凉高山、大安寨等重点页岩层位，对从湖盆中心区到岸线边缘各重点层系岩相及旋回变化有了更直观和深入的了解，为后期勘探井位部署的甜点选层奠定了沉积和岩相基础。

回到成都后，江青春立即投入川渝探区风险勘探及评价部署组织和工作推动中。他不惧疫情迎“烤”验，只为跑出“加速度”。办公楼晚上无冷气供给，在蒸笼般的办公室里，江青春经常光着膀子工作到凌晨。疫情期间为了减少感染风险，他准备了很多自热锅和方便面，简单吃上一口后，接着投入工作中。此时，正值仪陇—平昌区块 2022 年预探井部署论证，作为川渝探区第一口探索开江—梁平海槽多期台缘带井，意义重大。江青春带领项目组在前期资料准备的基础上，利用一天半时间快速高质量地重新整理思路，构建了海槽西侧立体多层系的勘探部署思路，系统对 4 个目的层的沉积、储层、成藏等有利地质条件进行了重新梳理，确定了有利区带，目标井点位置。

两口井的论证汇报得到了油田公司领导的充分认可，并同意上钻。

克服困难，风险勘探屡建功

回到大庆，尚未抖掉身上的尘土，一场疫情又让本已疲惫的江青春面临与四川酷暑截然不同的考验。

2022 年 8 月 20 日，大庆发生新冠疫情，江青春突然被封闭在办公室，他克服了各种生活不便。洗澡没有拖鞋，就赤着脚；没有换洗衣服，就晚上洗衣服，白天有时半湿不干地照样穿。在 40 天封闭中，他在办公室里完成了大庆油田风险勘探研讨会材料准备工作和深层专项后评估材料准备工作。

为了高质量完成大庆油田风险勘探研讨会材料准备，江青春在会前协调组织了 4 次风险材料的交流，最终确定按照“4 个总报告统领域进展＋10 个单井风险论证分报告”的汇报形式进行，统一了汇报模板。其间，江青春与川渝风险团队、天然气室深层领域的同事多次讨论，协助完成了洗像池、茅一段泥灰岩、深层基岩、致密气、火山岩等部分风险目标材料汇报提纲、汇报思路，并就部分内容提出了修改建议。因为疫情，这次研讨会以视频方式举行。他们的汇报研究内容得到了勘探生产分公司、勘探院等风险勘探领导专家的充分肯定，确定了塔东的且探 1 作为第三批上会风险目标。同时，专家组对川渝沧浪铺、开江—梁平海槽东侧茅口组缓坡台缘带、坡西地区长兴—飞仙关组礁滩和本土深层低位潜山基岩、超压致密气 5 个领域的风险目标提出了建设性的建议，要求抓紧完善。

大庆油田风险勘探研讨会后，针对专家对川渝探区 6 个领域的风险目标提出的关键问题，江青春立即组织西部风险团队进行交流探讨，对每个目标提出具体的工作安排，确定每项任务、负责人及任务时间节点，为四季度及下一年度风险目标论证做好充足准备。

2022 年 10 月 20 日，江青春突然接到总部油气与新能源公司通知，要在即将召开的分盆地风险研讨会上同步汇报两个领域的研究进展认识及风险井位部署。然而，油气与新能源公司风险专家特别关注的沧浪铺组井位论证工作刚刚起步，时间紧迫，究竟要不要上会汇报？压力像山一样压在江青春心头。铁人王进喜那句“没有条件创造条件也要上”的话语突然在耳边响起，经过深入思考和研究，江青春毅然决定：上会！

江青春利用两天时间收集沧浪铺组各类公开文献及资料，完成了沧浪铺组风险目标论证材料的提纲和主体内容，随后立即组织联动西部室、北京院、东方分院等多方力量，按照 6 方面有利石油地质条件推动沧浪铺组风险目标论证，在他的精细组织及团队的齐心协力下，仅用 12 天时间就完成了沧浪铺组滩体展布预测、储层特征分析、成藏模式构建及目标优选工作。他汇报的两个新领域得到了与会领导和专家的充分肯定，认为领域的认识具有创新性，风险目标具有新思路。连日熬夜、身心疲惫的江青春终于松了一口气，那天晚上他足足睡了 12 个小时。

时不待我、只争朝夕，风险勘探是大庆百年油田建设中的战略性工作，决定未来油田的发展方向，江青春凭借在技术方面的优势和对盆地掌握的视野，帮助大庆油田攻克了一个又一个难点，成为百年油田建设的积极参与者。

沐浴大庆，精神洗礼满目春

江青春来到大庆不足 5 个半月，但他在这里受到的精神洗礼却是 42 年人生中前所未有。

总结这段时间的挂职锻炼，江青春认为最大的收获就是更加深刻地认识和体验了大庆精神（铁人精神）。他发现，大庆精神（铁人精神）在这里不是口号式的宣传，而是体现在潜移默化的行动中。江青春清楚地记得，8 月的成都和南充经历了高温、断电、疫情、地震等多种考验，大庆油田勘探院的科研人员战高温、斗酷暑，汗流浃背地驻守在没有空调的桑拿房，全副武装穿梭在烈日炎炎的井场；他们听指挥、抗灾疫，在疫情发生和地震来袭时从容不迫、乐观向上；他们顾大局、讲奉献，无怨无悔，舍小家顾大家坚守在异乡。院领导没有忘记他们，中秋节前夕，送去了防疫大礼包和生活物资，并发来一封《致研究院驻川渝战线全体员工的一封信》，表达了对一线人员辛苦付出的慰问之情。

“大庆人不畏艰险、迎难而上的意志品质时刻激励着我，让我在做任何一项工作时，不敢有任何懈怠。”江青春这样激励着自己，把精力全身心投入到大庆油田的勘探开发中。5个月的时间里，江青春没有回过一次北京的家。11月底是女儿十岁生日，他曾答应女儿一定回家，但忙于工作也未能兑现。他只能满怀愧疚地给女儿写了一长长的封信，诉说对女儿的思念之情。

沐浴着大庆精神（铁人精神）发源地的阳光雨露，秉承着石油科学家精神，江青春在挂职锻炼的岗位苦干实干，奋斗前行。

【编后语】“将青春的汗水挥洒在风险勘探的战场上”。一年365天，有200多天在油气田生产现场的挂职干部江青春，说起这番话别有一番滋味在心头。干风险勘探，难在找到地宫之门。复杂的地质条件，无成熟经验可借鉴，高投入、高风险不一定能带来高效益，江青春不向困难说不，不向问题低头，带着团队，没有条件创造条件也要上。四川盆地页岩气风险勘探主战场留下了他奋斗的身影，大庆油田勘探院那间熟悉的办公室灯光长夜通明，身为挂职干部江青春无怨无悔。

用智能化武装油田每一口井

——记中国石油勘探开发研究院挂职干部杨清海

挂职感言：人生留迹，事业留绩

由中国石油勘探开发研究院挂职干部杨清海为项目长的《注水井井下发电技术研究与应用》开题设计，经过专家组认真研判，认为井下发电技术瞄准注水井迫切需要持续、稳定、可靠井下供电系统的现实需求，将前期研发的磁悬浮涡轮发电技术与分层配水器紧密结合，有望实现“井下发电从 0 到 1 的突破”及其工程应用，填补国内外空白。专家组一致批准了这个开题立项。

立项的成功，让来到吉林油田挂职仅 4 个多月的杨清海倍受鼓舞。这位控制理论与控制工程专业的博士，在广袤的松嫩平原栉风沐雨，战暑斗寒，致力于油气井智能化建设，用默默奉献诠释着石油科学家的精神内涵。

一场争论完善智能化方案

2022 年 5 月 11 日，杨清海到吉林油田任油气工程研究院副院长，开始了为期两年的挂职锻炼。令杨清海没有想到的是，挂职后的第一个科研项目引起了一场事关油田发展的争论。

争论源自杨清海组织设计的“吉林油田智能高效注采关键技术研究与应用”项目。这是吉林油田第一个专门针对智能注采的科研项目，油田公司十分重视。在项目内容设计中，杨清海带领团队打破传统科研立项“以课题为核心”的模式，从项目层面开展设计，提出数据感知、数据传输、关键装备、数据融合的设计思路，从技术层面构建从实时数据采集到智能决策控制的智能化闭环生产系统。在开题讨论汇报时，杨清海阐述了智能化建设对油田公司长远发展的必要性。然而，油田主管部门却认为，智能化投入大，产出不明确，解决不了燃眉之急，建议在有限的资金中布局非智能化相关内容，解决各采油厂的生产难题。

此时，杨清海知道自己面临的是如何处理技术研发与油田需求两者之间关系的难题。在勘探院，可以单纯从技术上推进智能化技术研发，而在油田公司，就必须要同时考虑成本、周期、效益等问题。

对于不同意见，杨清海明白这不是对错之争，都是为了油田的发展，只是站在不同的角度看待问题。经过讨论、争论，杨清海积极改善方案，最终与油田主管部门在项目的必要性、技术可行性和适应性等方面取得了一致意见，圆满完成了立项工作。

完成立项并没有让杨清海松一口气，这场争论把他带入更深的思考。他发现，公司层面缺少一份取得全面共识且切实可行的顶层规划，这对吉林油田智能化发展意义重大。

随后，杨清海把主要精力放在采油采气智能化顶层设计上，很快做出了一份全面翔实、图文并茂的《吉林油田智能化愿景规划》，涵盖智能分注、智能分采、智能举升、CCUS、智能化采气等各个采油气领域。如能通过油田公司审批，将对吉林油田未来几年智能化转型发展具有重要指导作用。

这场争论让杨清海认识到：任何一项科研设计，必须充分考虑油田生产实际，必须取得油田的理解与支持，这是石油科技工作者必备的素质。

一场战役提升井下系统智能化功能

升级井下快速分层取样测试技术系统，是杨清海主动要求到吉林油田挂职的原因之一。他无法忘记几年来与吉林油田油气工程研究院合作研发的这项技术，凝聚着多少石油科技工作者的心血。

2019 年，杨清海与吉林油田油气工程研究院一道，接受了井下快速分层取样测试技术的研发工作。为了完成任务，他们夜以继日，杨清海在吉林油田一待就是几个月。2019 年最后一天，他们在阜新进行工具组装测试时，电控封隔器的一个技术问题总得不到解决。“难题面前，团队较起劲儿来，一定要搞定这些问题。”杨清海回忆起当时的情景感慨道。一次次拆卸、装配、调试，封隔器各项功能终于正常了，并在试验井中通过了坐封、测压、耐温等各项测试。这时已是 2020 年元旦的 5 时，他们干了一个通宵。在赶往机场回北京的路上，刺骨的寒风吹来，杨清海很困、很冷，但心里是暖的。他知道，电控封隔器问题的解决，已向系统成功迈出一大步。2021 年 5 月，这个庞大、复杂的系统研发在吉林油田现场试验成功，技术指标达到国际先进水平。

杨清海来到吉林油田挂职后，立即投入了井下快速分层取样测试技术系统升级工作，以达到功能指标提升和系统可靠性提升的目的。

指标提升的核心是提高井下举升功率，需要通过采用大功率电机来实现。然而，系统是一个整体，改动电机就要同步改动其他模块，可谓牵一发而动全身。杨清海带领团队从零开始，自主设计环形电机、环形传动机构、环形电控系统等核心部件。一次次尝试，一次次修改设计，重新组装、重新测试、重新优化，终于实现了完全自主的环形电控封隔器设计和试制。为了解决大功率电机需要高驱动电压的难题，他们又修改了地面电源系统，将电压由原来的 350 伏提高到最高 800 伏，并重新定制了下井电缆。针对大功率电机对通信系统较大的干扰问题，他们对井下电源和通信系统进行优化改进。

杨清海带领团队从机械结构、位置感知、电流控制等方面开展了冗余设计，最大限度降低封隔器故障概率。在井下电源方面，采用3路并联结构，互为冗余。在工具模块的连接方面，他们将原本的人工方式的机械和线路对接改造为免人工对接方式，大幅提高现场实施便捷性和可靠性。

经过几个月的努力，井下快速分层取样测试技术系统升级已进入单模块疲劳测试和整体联调阶段，即将进入现场试验。

一场攻关推进无线通信现场应用

除了井下快速分层取样测试技术系统升级，杨清海还挂念着另一件事：把一年前完成的采油井无线通信技术推向现场应用。

采油井无线通信技术在智能分采、智能举升领域具有广阔应用前景，但采油井由于管柱结构复杂，其无线通信国内外均无工程可行的技术方案。2020年，杨清海提出了基于功率波动的井下无线上传通信技术。随后，他把试验场地搬到油田现场，并带领项目团队来到这里进行现场试验。

经过10个月的反复测试，采油井无线通信技术在吉林油田新立采油厂现场试验成功，结果与理论分析高度一致。看着调控指令在井口反馈出来的波形，杨清海感受到那是一种无与伦比的美。

尽管采油井无线上传技术的可行性得到了验证，但工程应用还有很长的路。为了加快试验进程，降低作业风险和成本投入，最大限度减小对现场生产的影响，杨清海决定，后续的通信工具适应性测试不带电缆下入，而是让工具跟随现场清检作业下入。这对工具提出了非常高的要求，而这也是杨清海挂职后要完成的工作。

杨清海先期选择了3口井进行现场试验，抵达油田的第二天，他就开始了第一口井作业。现场试验遇到了电池在井下快速掉电、时钟模块在井下工况下漂移严重等工程问题，造成了工作时间短、井下和地面时钟无法对应等现象。施工结束后，井筒液面迟迟抽不下去，造成无法识别上下冲程，系统无法进入正常通信状态，给通信所需的功率波动造成了很大麻烦。面对这些问题，杨清海与团队认真分析，寻找解决办法，最终在第3口井实现了数据自动上传和地面数据解析，这使吉林油田又向工程化应用迈近了一步。

“挂职锻炼使我的视野拓展到采油气的各个环节，我逐渐对整个采油气工程有了全面、深刻的认识，也对油田的技术需求有了更接地气的理解。我相信，只要我们秉承石油科学家精神，勇于挑战，不懈攻关，智能化一定会武装油田每一口井。”4个多月的挂职锻炼，让杨清海对油田智能化建设信心满满。

【编后语】人工智能正助力油田高质量发展，杨清海在勘探院学到的真本事在油田现场有了应用的主战场。挂职干部既来锻炼，又来传经送宝，为老油田增储上产贡献一份科技力量。在杨清海看来，这份初心是他扎根一线、奉献挂职的精神力量。在吉林油田的每一天，他都在努力把用智能化武装油田每一口井的蓝图变成现实而攻坚克难，加班加点成了常态，问起杨清海这么累值得吗？他笃定地说，来油田挂职就是要干事创业、努力作为的，能为油田作出挂职干部的贡献，责任光荣、使命神圣。

矢志助力油田增储上产

——记中国石油勘探开发研究院挂职干部刘英明

挂职感言：在生产一线锻炼成长

2023 年 3 月的北国，乍暖还寒。中国石油勘探开发研究院挂职干部刘英明踏着残雪，奔走在大庆油田的一个个井场，检查测井软件 CIFLog 3.1 换装半年多来的使用效果。作为研发负责人，刘英明肩负起 CIFLog 在大庆油田全面服务科研生产的重任。到大庆油田 8 个月来，他辛勤工作，让 CIFLog 为油田生产赋能，助推油井技术新发展。

优化完善，让 CIFLog 成为油田测井生产利器

2022 年 7 月 1 日，刘英明来到大庆油田担任大庆油田勘探开发研究院副总地质师，开始了为期 1 年的挂职锻炼。从那一天起，他就把“让 CIFLog 为大庆油田增储上产赋能”作为挂职大庆油田的工作目标。

对于 CIFLog，刘英明可谓呕心沥血，辛勤耕耘。从 2008 年开始参与 CI-FLog 研发到现在成为 CIFLog 研发的主要负责人，几年来，他多次参与国家油气重大专项、省部级课题、横向课题等工作，牵头或参与完成了各课题的开题、研发、过程管理、成果总结和课题验收等工作，具有较强的科研组织、协调和管理能力。此次刘英明到大庆油田挂职的主要目的是充分发挥他在这一领域的专长，持续优化完善 CIFLog，让 CIFLog 成为油田测井生产利器。

然而，CIFLog 换装工作绝非换上新衣服那样简单。涉及的勘探领域多、处理解释资料多、支撑内容多是大庆油田研究院测井生产的主要特点，这对测井软件提出了更多更严苛的要求。能否让 CIFLog 满足需求，是决定 CIFLog 能否在油田发挥重要作用的前提。

为了解决这些难题，刘英明深入测井研究室，与每一位应用人员沟通交流，从多个领域和应用场景上讨论 CIFLog 使用过程中需要改进和优化的内容。仅仅一周时间，他的笔记本记录了几十条来自现场的完善意见和建议。

2022 年 8 月底，刘英明休假回北京，正赶上新冠疫情，无法返回大庆。他利用这段时间，在北京总院带领项目组完善解决这些问题。他组织 CIFLog 项目组，一边与大庆油田保持沟通，第一时间了解油田需求；一边加班加点组织研发。经过 1 个多月努力，所有问题都得到了解决，CIFLog 的功能得到进一步优化，并满足了油田需求。

深化应用，让 CIFLog 助力油田生产提效增速

大庆油田油气勘探开发领域的扩大和力度的深入，给油田测井生产带来极大的挑战，一道道新的难题摆在了油田测井人面前。刘英明迎难而上，与油田测井室团队积极合作，梳理各领域测井面临的难题，充分结合 CIFLog 软件在高端成像系列处理解释、水平井处理解释和强扩展性的二次开发等核心技术，匹配现场应用需求，优选 CIFLog 技术和软件模块，梳理形成技术系列。

为了让油田技术人员熟练掌握 CIFLog 各项技术，2022 年 10 月，大庆油田勘探开发研究院对新入职的 60 余名员工进行 CIFLog 软件培训。刘英明作为主讲老师，全面讲解了基础平台操作、高端成像系列处理解释、多井评价和水平井评价等软件模块的方法原理和实际操作，从测井基本原理、处理解释流程、测井分析方法、测井地质应用和测井软件操作等方面进行了详细讲解。全面细致的培训让每一位参训员工对测井有了直接的认识和收获，促进了青年员工专业素养的提升。

在 CIFLog 培训的同时，刘英明结合油田经验，优化针对不同储层类型的特色处理解释参数和流程。为了节省时间，他在办公室一住就是两个月，在油田技术人员的配合下，刘英明研发形成了特色处理解释系统，有效提升了生产效率和技术水平，得到了油田应用技术人员的认可。

构建核心，让 CIFLog 助推油田信息数字化建设

近年来，大庆油田提出勘探、开发和工程一体化的研究思路。然而，油田

测井成果数据相对分散，没有得到有效的统一管理。对于这个问题，刘英明带领 CIFLog 项目组，与油田多次讨论需求，最终决定构建以 CIFLog 为核心的大庆油田测井大数据应用平台。经过几个月的研发，完成 CIFLog 协同系统研发和测井综合评价项目数据库构建工作。利用这套系统，实现了多学科、多领域和多人协同的测井处理解释，通过以大庆古龙页岩油区块 4000 余口井处理解释为示范，验证该系统能够在提高油田生产工作效率、提升处理解释成果质量和应用效果等方面发挥关键作用。

古龙页岩油是大庆油田接续产量的主战场，压裂施工复杂，面临很多复杂问题。为了让 CIFLog 在古龙页岩油田发挥更大作用，刘英明多次深入古龙施工现场，详细了解古龙页岩油保压取心、核磁岩样测量、微地震检测、压裂施工等情况，更加直观地了解生产需求。面对不懂的问题，他与技术人员积极讨论，仔细记录笔记。

回来后，刘英明结合现场重新对资料进行整理，以更加深刻地了解油田的需求。在扩展个人知识面、提升能力的同时，刘英明结合古龙页岩油水平井工程施工需求，组织技术人员，对古龙页岩油 70 多口水平井进行处理解释，对每一口水平井的施工效率、压裂效果、产液量等数据与测井响应对比分析，对电测井、放射性测井的响应规律进行模拟，总结形成了页岩油水平井轨迹地层评价的方法，并被油田采纳，为下一步古龙页岩油水平井甜点评价和压裂施工设计提供重要依据。

刘英明发现，大庆油田信息化、数字化程度较高。他利用大庆油田这一优势，让 CIFLog 与油田信息化、数字化建设成果相结合，构建形成了多学科一体化研究环境。这套系统统一部署到了油田智能专家决策中心，为油田井位部署、勘探开发生产一体化综合应用和专家领导决策提供测井软件技术支持。

大庆油田的冰雪渐渐融化，CIFLog 也迎来了快速发展的春天。“在接下来的日子里，我将充分发挥自身优势，以需求为导向，持续推进 CIFLog 的应用，为油田生产赋能、提升油田测井技术水平作出贡献。”谈到今后的工作，刘英明表示，让大庆油田测井全面换上 CIFLog 新装，为油田增储上产赋能，将成为他挂职大庆油田的最大收获。

【编后语】“让 CIFLog 为油田生产赋能，助推大庆油田油井技术新发展”。前往大庆油田挂职锻炼时刘英明就这样勉励自己。融入大庆油田生产实践后，他既要当好老师，答疑解惑；又要当好研发专家，发现问题再整改。刘英明的传帮带作用，为大庆油田 CIFLog 软件高质量使用，增储上产起到科技利器的助推作用。面对古龙页岩油未来可期的勘探前景，刘英明倍感责任重大，使命担当，他要用好 CIFLog 为古龙页岩油的美好明天作出勘探人的贡献。

科研赋能挑战尕斯库勒困局

——记中国石油勘探开发研究院挂职干部钱其豪

挂职感言：根在基层，路靠实践

2023年4月7日，青海芒崖春寒料峭，敦煌七里镇绿意微萌，采油一厂打响了一场热火朝天的上产大会战。中国石油勘探开发研究院挂职干部钱其豪出现在花土沟的油井旁，现场查看上返井含水变化，为刚刚获得审查通过的《青海油田尕斯油区压舱石工程方案》（以下简称《方案》）深入分析编制实施方案收集第一手资料。

尕斯油区是中国石油千万吨压舱石工程的重要组成部分，《方案》成功通过，标志着油区开发调整进入一个新的阶段。《方案》凝聚了青海“压舱石”团队40多名成员的汗水和心血，也体现了挂职干部在尕斯库勒8个月来的辛勤努力。

作为第一采油厂副总地质师，钱其豪面对的不仅仅是高原缺氧的环境困难，更有油藏地质条件复杂、开发进入深度调整期多重矛盾叠加的技术困境。但他不畏困难，抱着边学习、边实践、边提高的态度，在积极充实自我的同时，与油田科技人员一道，用智慧和汗水解决一个个难题，突破一个个瓶颈，为方案的完成打下了坚实的基础。

快速融入　扎根破局

2022年7月9日，肩负着青海油田压舱石工程重任，钱其豪走出中国石油勘探开发研究院大门，踏上了尕斯库勒这片热土，开始为期两年的挂职锻炼。不到青海油田，就体会不到高原严酷；不到花土沟，就无法理解油田人的伟大。初到油田一线，从纯粹的科研学术环境转换到油田现场生产技术支持，各部门的职责与配合、一线运行管理、应急处置……对钱其豪而言，都是全新的工作场景，压力山大，问题众多。挂职锻炼，他遇到了第一个困局。

面对油田开发困局，钱其豪认识到，只有发挥众人的智慧，借助集体的力量，才能完成这项艰巨的任务；只有优化工作方法，保持耐心与定力，想方设法从技术层面找到突破口，才能开拓出尕斯库勒的可持续发展之路。钱其豪充分发挥勘探院的技术优势与油田厂院的实践认识优势，组建勘探院、采油厂、油田研究院联合攻关团队。利用油田与勘探院前期积累的技术基础，在不到两个月时间内，完成了数百口油水井措施的开发调整方案，为尕斯油区压舱石工程奠定了坚实的基础。

青海油田人信奉“真拼、真干、真英雄”。来到青海油田，钱其豪入乡随俗，与油田人同吃同住，一起熬夜加班、一起面对困难、一起承担压力。在这里，他听了很多油田的故事，老一辈石油人筚路蓝缕、刀耕火种的创业精神深深地激励着他。在这里，钱其豪了解了油田人朴实善良、勤劳肯干的特质，这让他深深地喜爱上了这片土地。一天天的奋战中，他结交了许多志同道合的战友；一个个问题解决后，他获得了油田各个部门的信任，为工作的顺利开展打下了良好的基础。他体会到，对于挂职干部来说，体验油田人生活的苦、工作的难，认识油田人的伟大，才能融入其中，让自己扎根，让先进技术扎根，也让青海石油精神在自己心里扎根。深度融入，让这位来自科研岗的挂职干部初破困局。

抓住“牛鼻子” 提效破局

来到尕斯油田，钱其豪发现采油一厂技术干部人手短缺，38 名地质油藏人员要管理 2400 口油水井，油藏调整与管理难以实现精细精准。当前油田开发急需全油藏井组分析，以现有人力和技术手段需要接近两年时间才能完成一轮分析。钱其豪认为，只有解决了工作量这一核心痛点，才能给关键岗位充足的时间做更重要的技术分析与研究，这是问题的“牛鼻子”。

为了精准牵到“牛鼻子”，他深入一线跑井位跑井场，了解现场困难，学习地面流程和单井运行维护的知识，逐步掌握通过污渍、异响、电流、振动、温度、声音、放油等综合判断抽油机工作状态和井筒流动状态，通过与研究院专家和技术中心同志一道看曲线，逐步掌握了利用测井曲线认识储层判断水淹状况的本领，让地下油水驱替流动逐渐清晰地展现在他面前，找到了尕斯井组问题的关键，摸到了油田开发调整的“牛鼻子”。

为了有效牵到“牛鼻子”，在精准认识井组分析难题的基础上，钱其豪把现场实践与科研项目结合，综合关键参数认识与分析需求，组织人员编制了井组分析小程序，自动提取所需产量、压力、射孔、液面、产吸数据，生成井组分析文件，软件程序的自动化提高了工作效率，极大提升了地质油藏人员的即时分析能力，通过提高效率来破除人手短缺的困局。

为了有力牵到“牛鼻子”，一方面钱其豪逐级向采油厂、油田公司申请扩充技术人员力量；另一方面向内发力，进一步提升技术中心已有人员工作能力。为此，他将办公室从机关办公楼搬到技术中心，与一线技术干部朝夕相处，一方面向技术中心同志学习，补足短板；另一方面把此前在工作中所学所得，通过具体问题的讨论传递给大家。新技能、新方法、新力量的交流和传递，有效促进了采油厂技术中心认识油田、调整油田的能力，逐步形成扭转油田开发形势的合力。

独辟蹊径　创新破局

油田面对的问题，都是极为复杂的。在油田领导的帮助和指导下，钱其豪学会了分级思考剥离要素的分析方法，通过现场调研与数据分析认识问题的外在现象，通过业务层面研究分析其内在技术原因，进而深入思考出现技术问题的根本原因，从而真正实现创新破局。

2023 年 1 月 18 日，钱其豪与勘探院技术团队的同事们长舒了一口气，3 周来的数据挖掘终于让他们找到了油藏开发问题的关键。长期以来，一直认为是非常规储量投入开发带来了较高的自然递减压力，但产量的变化与产能建设规模并不匹配。面对产量递减的压力，钱其豪和北京院技术团队一起编程序规模处理数据，从最不起眼的资料入手，从新维度审视数据，从统计中发现反常之处，找到了开发过程中忽视的注采对应率问题，开发调整思路豁然开朗，解决了开发调整方向的大问题。

夜已深，明月高悬，但采油一厂技术中心仍是灯火通明。钱其豪和中心同事们一张张对比蓝图和动态资料，寻找油水井间证据确凿的油水渗流优势通道。这种夜战对于他们已是常态。尕斯库勒地层复杂，标志层匮乏，井与井之间，小层非常相似，经过很多轮常规对比，依然没有形成统一靠实的对比结果。钱其豪提出，反转地层对比工作流程，首先通过油水井动静态资料对比分析，找到优势渗流通道这个“金钉子”，再用井间的“金钉子”把油水井立体空间对应关系固定下来，最后再把地层建筑结构确定下来。在这个思路指引下，研究院和采油厂结合起来，井组分析配合地层对比，大大降低了注采对应不确定性，为注水开发奠定了良好的基础。就这样，在日日夜夜无数类似工作的潜移默化中，压舱石工程核心开发思想贯彻落实到最基层员工的日常工作中。

尕斯库勒油田多年来在现场条件和复杂地质情况制约下，逐步沉积形成了注采对应差、注水难的现状。针对这一困局，钱其豪提出“提高注采对应恢复水驱秩序、层系综合利用降低上产成本、重新排布井网实现注采均匀、局部插空打井强化差层注采、实施井组分析确保及时调整”5 项立体井网调整对策，同研究院采油厂技术干部一道，结合压舱石工程调整需求，一口井一口井梳理井况，研究上返途径，立体重构，完成了尕斯库勒上盘 7 套层系开发调整方案井网设计。井网调整后，下部层系井上返用于加密细分，极大地节约了钻井费用，破解了压舱石工程层系井网调整的难题。

尕斯油区“压舱石”方案审查通过后，联合攻关团队又在敦煌茫崖两地投入了紧张热烈的协同研究中，为刚刚审查通过的《青海油田尕斯油区压舱石工程方案》编制详细射孔方案。

璀璨的火花在铁锤和铁砧的敲打中迸发，人生的价值在艰苦的奋斗中显现。挂职锻炼，让钱其豪深刻领略了石油人的奉献精神，在这里，科研的价值在实践中得到了体现，在这里，人生的意义在挑战中得到了的升华。

【编后语】从北京到青海油田，需要直面高原缺氧的恶劣自然生态环境、基础理论与生产实践有机结合、团队文化融入等挑战。困难要克服，困难要战胜，撸起袖子加油干的钱其豪很快融入挂职单位火热的生产现场中，沐浴着油田人的文化，倾听着一代代油田人的创业故事，老一辈科学家的爱国精神、奋斗精神、奉献精神鼓舞着他，新生代柴达木人“缺氧不缺精神”激励着他，柴达木盆地更立新功，钱其豪向着自己的目标跋涉着。

在黄土高原上书写“绿色论文”

——记中国石油勘探开发研究院挂职干部张喜顺

挂职感言：炼金不是镀金，历程不是过程

2023年4月10日，张喜顺离开中国石油勘探开发研究院，一路风尘返回位于陕西定边的长庆油田采油五厂。几天来，作为主要负责人参与课题《绿电采油协同智能管理及节能技术》开题设计，经过与勘探院专家共同探讨，明确了研究目标及主要内容。

来到长庆油田采油五厂挂职锻炼后，张喜顺针对油田的生产需求和发展方向，带领团队开展了平台井智能间抽直流微网群控技术方案的设计。这个方案发挥平台多井共享资源、集群控制的优势，结合生产特点和用电需求，通过分布式光伏及网电多能互补综合利用及生产制度协同优化，最大化地实现绿电高效利用和制度合理的低碳生产。

8个月来，张喜顺在生产一线，以油田新能源建设为己任，以破解油田生产难题为目标，殚精竭虑、倾情奉献，把一篇篇“绿色论文”写在黄土高原上。

破解气窜题 甘做“磨刀石”

2022年8月15日，张喜顺从中国石油勘探开发研究院到长庆油田采油五厂挂职锻炼，任副总工程师，其主要职责是协助厂总工程师进行采油工艺、井下作业、新能源开发技术研究与业务管理。

来到火热的油田生产一线后，张喜顺发现，长庆油田油气资源禀赋不足、自然环境恶劣、工作条件差，但长庆人早已将爱国、创业、求实、奉献融入血液里，形成了忠诚担当、创新奉献、攻坚啃硬、拼搏进取的“磨刀石”精神。从踏上黄土地那一刻起，张喜顺就下定决心，要把新一代石油人的精神发扬光大，要做一块默默奉献、助力企业高质量发展的“磨刀石”。

长庆油田采油五厂依托国家科技重大专项，历经7年攻克油藏、井筒瓶颈问题，建成了黄3区CCUS国家示范工程。然而，在试验过程中，气窜问题一直困扰着一线技术人员。3月5日，试验区塬27－102井出现严重气窜问题，从套管喷出的白色二氧化碳气体给现场安全生产带来巨大的隐患。

面对注二氧化碳气窜难题，张喜顺立即向勘探开发研究院专家请教，连夜组织地质、工艺两所技术人员分析试验区油藏地质、动态监测、生产数据等资料，一口井一口井地验证、一口井一口井地分析，制定了治理方案，经常工作到凌晨 4 时多。第二天一早，他又早早来到姬塬前指的生产会现场，详细安排现场实施步骤。在张喜顺的指导下，塬 27－102 井的气窜问题得到控制，现场安全环保隐患得到治理，油井恢复了往日的生产。

攻坚破瓶颈　争做“探路人”

2022 年 11 月的一天，雪后的陕北零下 20 多摄氏度，滴水成冰，风吹在脸上像刀割一样。在塬 31－101 井修井现场，张喜顺仔细检查着每一根起出的管杆，详细记录着井筒结垢、偏磨、结蜡等井筒资料。十几个小时之后，200 多根井筒油管、抽油杆全部起完，张喜顺的手和脸早已冻得失去知觉，但是他的记录本上满满记录了整个井筒的资料。

夜晚，回到姬塬前指办公室，张喜顺顾不上一天的劳累，急忙打开电脑，利用优化软件对井筒杆柱受力情况进行模拟，对该井治理方案进行再次优化。第二天，他又早早来到现场，指导抽油杆杆柱组合、扶正器方案优化，并不时检查下管柱过程的质量。8 个小时之后，油井终于恢复生产，张喜顺的脸上露出了笑容。塬 31－101 井通过治理，已经连续正常生产了 5 个月。

随着新技术新工艺的研发和应用，采油技术也从传统技术手段向新技术转变，需要每个石油科技工作者去追求，去探索。张喜顺到采油五厂挂职后，把如何降低油井作业频次作为生产现场难题来解决。他深入基层摸情况、搞调研，基本摸清了油田存在的问题。调研中，张喜顺了解到，采油五厂是老厂，油井下泵深、矿化度高，井筒结垢、腐蚀、偏磨、断脱等问题突出，作业频次居高不下，面临的最大难题是高频作业井治理。

“坐在办公室碰到的都是问题，下去调研看到的全是办法”。针对存在问题，张喜顺每天一上班就把全厂在修井情况调查一遍，核实每口油井的故障原因和井史台账。在查阅大量静、动态资料后，他以问题为导向，找准工作方向，制定了“井筒治理工作意见和措施”。他定期召开井筒分析会，用大数据说话，找准检泵原因。他还将勘探院自主研发油气井生产智能优化决策软件 PetroPE 引进采油五厂，用于提升油井优化设计水平，并指导相关技术人员进行软件操作。

同时，张喜顺提出井下工具改进方案，优化扶正块数量与位置，提升防偏磨能力，优化防垢泵柱塞长度提升防垢水平；现场试验拉杆抽油泵等新工艺新技术，减少杆管偏磨。

通过大家的共同努力，共治理高频作业井 279 口。其中，作业频次 3 次以上的高频井总数量由 47 口下降到 26 口，减少了 45%。

倾情新能源　勇做“领头雁”

新能源业务是油田企业的一项全新工作。长庆油田采油五厂承担着姬塬油田绿色低碳新能源综合示范基地建设任务。其中，井场分布式光伏项目规模达到 37 兆瓦，涉及井场 430 座，占到油田建设规模的 1/3，油田公司要求 4 月底要实现建成并网发电。曾在中国石油勘探开发研究院担任采油工艺技术部主任、所长业务助理、采油采气重点实验室学术秘书等职务的张喜顺，多年来致力于油田新能源建设研究。来到采油五厂后，他自觉地把油田这一任务担在肩上。

面对时间紧、任务重、业务新、没有可借鉴的经验和模板等难题，张喜顺带领油田技术干部，开展广泛调研咨询，查阅大量资料。通过调研，他了解到，目前长庆油田主要是利用井场空闲用地实施分布式光伏建设，光伏组件发出直流电通过逆变器变为 380 伏交流电，经并网柜汇集接入变压器低压侧，汇入油田电网，然后再供给数字化抽油机等终端负荷使用。

这种“绿电并网及利用”模式过程可以简化为“直流—交流—直流—交流”的复杂过程，整个过程会带来约 30%的电力损耗，同时也为油田电网带来很大的冲击。绿电因季节性差异、日照变化等会导致供电不稳定，就地消纳

率较低。间歇生产特性使间抽井成为光伏绿能最佳应用场景之一。

为此，张喜顺与团队充分结合陕北黄土塬地貌实际，考虑光伏发电、油井生产、修井作业安全等因素，建立了“井场筛选标准”和“一井一方案编制标准”。他白天跑现场，晚上和技术人员讨论直流微网群控设计方案，走遍了姬塬油田的梁梁峁峁，用不到 7 天的时间完成了 430 余座井场分布式光伏现场踏勘和方案编制。陕北高原的风沙大、太阳紫外线强，一周下来，他的皮肤晒黑了，脸上蜕了一层皮，但是他没有在意。

在张喜顺的带领下，采油五厂不到 3 个月就建成分布式光伏发电井场 62 座，日发电量达到 6 万千瓦时左右，累计发电接近 1000 万吨，占长庆油田的 1/4。采油五厂的新能源各项工作走在了长庆油田的前列。

张喜顺以“领头雁”的责任担当意识，推动了油田新能源建设工作的顺利开展。他主笔撰写了决策参考《关于加快推进低产液井绿色智能间抽技术应用的建议》，提交公司总部；他协助油气和新能源分公司编写了《低产液井间抽实施指南》，下发到 16 家油气田，发挥了积极的指导引带作用。

【编后语】在磨刀石上闹革命，对于张喜顺而言是机遇更是挑战。在长庆油田挂职锻炼，机会弥足珍贵。长庆油田是我国油气产量最大的油气田企业，地质条件极其复杂，资源禀赋极差，勘探开发面临的都是世界级难题。长庆油田近年来是地质家、勘探家、开发专家等勠力攻关的主战场，来到长庆油田的张喜顺要在这片热土上长见识、开眼界，协同专家们共同攻克难题。抱定学习的态度，他全身心地投入到生产实践中，他的付出得到了回报，他的付出受到了认可，还有什么能比这些更令张喜顺欣慰呢？

在破冰中成长成才

——记中国石油勘探开发研究院挂职干部王国亭

挂职感言：钻致密力磨石，探蓝金勇攀奇峰

在破冰中成长，在破冰中成才。这是对中国石油勘探开发研究院挂职干部王国亭的真实写照。

对于王国亭而言，每一次破冰都是沉甸甸的收获。2023 年 4 月的一个晚上，冀东油田果园街冀东大厦 10 楼天然气所的会议室里，王国亭和致密气开发的同事们讨论米 123 区块开发指标的优化论证方案至凌晨，在他们的共同努力下，又一个区块开发方案的编制攻关接近尾声。

谈及“破冰”，王国亭感慨颇多。近年来，致密气业务是冀东油田的新业务，急需人才和技术储备，王国亭紧密围绕致密“蓝金”的开发理论技术，踏入陕北黄土塬的川川坎坎，用激情和奉献书写着破冰攻坚的致密气开发篇章。

“破冰钻研”破困局　创新论证强信心

“人生难得几回搏，此时不搏待何时”。这是王国亭挂职时激励自己的话。

致密气是我国珍贵的“蓝金”。挂职之前，王国亭已在勘探院工作 10 余年，在鄂尔多斯盆地致密气开发领域造诣很深，熟练掌握相关知识体系和核心关键技术，曾主导完成苏里格、神木等特大型气田开发调整方案的编制。他被选派到冀东油田勘探开发研究院，恰好可以发挥自己的优势。

刚到油田的王国亭，立刻感受到了紧张繁忙的开发建设节奏，更感受到了巨大的压力和挑战：首批滚动部署的开发井钻探效果未达预期，首批完试的开发井的平均无阻流量数据样本少且分布不均衡，低于邻区水平。油田公司各级领导、专家都迫切想知道佳县致密气的资源基础是否落实，气井真实产能是多少，气田能否实现效益开发，这关键的“三连问”，关乎油田公司的未来发展，关系到扭亏解困，科学回答这些重大问题的意义可想而知。时间紧迫，王国亭主动承担起重任，开始了挂职锻炼的第一次“破冰战斗”。

接下来的一个多月时间里，挑灯夜战和灯火通明是常态。王国亭从最基础资料抓起，重新核查测井解释方案，逐井逐层落实气层发育情况，重新厘定下限标准，详细诊断施工曲线参数，探寻影响气井改造效果的关键原因。每当腰椎疼痛难忍时，他就蹲着办公或者干脆跪上一会儿，双眼紧盯屏幕、反复思考。

高强度的歼灭战终于取得了可喜战果。经过系统论证，佳县地区的富集区储量基础是靠实的，储量丰度可观，小而薄的差气层不具备开发价值，不能算入开发储量。以试验差气层为目的的产能测试，不能代表气井的真实产能，有效储层规模小，高强度的储层改造不一定能达到高产目标，应该采用适宜的储层改造强度。王国亭创建了多方法深度融合的气井早期产能评价方法，明确了论证确定气井首年合理产量、气井平均 EUR，可达到目标收益指标。

科学的论证结果增强了中国石油集团总部的投资决策信心，顺利申请到了年度后续投资，油田公司领导夸赞说道："勘探院的专家真是中了大用了。"领导对工作的肯定，让王国亭备受鼓舞，辛苦付出收获了可喜成果，也为下一段拼搏储备了昂扬斗志。

"破冰战斗"担先锋　筑牢方案克难题

"把每一件平凡的工作努力做好就是不平凡"，王国亭是这样说的，更是这样做的。

四周沟谷交错的黄土塬顶，钻机轰鸣、钻头快速挺进开发目的层，等来的不是令人振奋的高产气层，而是又薄又小的气层，一个平台设计了 9 口井，接下来的井打还是不打，接着打意味着风险巨大，如果不打费尽千辛万苦征来并建成的平台就要浪费，艰苦的抉择摆在眼前。初步开发方案已经难以指导实战部署，鄂尔多斯盆地东部上古生界致密气藏的储层地质条件与盆地中部完全不同，亟待开展攻关研究，准确认识地下气藏特征、准确刻画储层分布是重中之重。此外，初步开发方案仅支撑建产期适量投资，亟须马上编制正式开发方案，申请后续投资才能实现产量规划目标。形势逼人、形势催人、形势也锻造人，王国亭再次扛起重任，开始了挂职锻炼的又一次“破冰战斗”。

气田开发方案的编制，是气田开发过程中极为重要的工作，不仅要确定重大开发技术政策、开发指标和关键技术，也关乎着百亿级别的巨额投资，如果开发指标论证不合理，巨大的投资风险可想而知。编制一个开发方案，往往需要一个团队历经 1 年甚至更久的持续论证才能完成。冀东油田佳县区块需要编制的是 1 个大区整体方案+9 个小区分案，要在半年时间内攻关完成，巨大的工作量和攻关难度可想而知。只要尽心、尽力、尽职、尽责地去做，一定能够完成任务。

经过 200 多个日夜的战斗，在王国亭带领下，方案编制取得了重要进展，获得了系列重要地质认识，形成了具有冀东特色的致密气藏开发技术。佳县致密气藏具有“薄、小、散、强”的特征，厘定了有效储层规模和空间分布结构，形成了窄薄分流河道砂精细预测刻画技术，创建多主力层、三主力层、双主力层平面叠合分区对策，确定了综合考虑“地面条件、储层结构、储量品位”的三级优化差异化井网部署技术，分区、分类、分单元持续进行气井关键开发论证。目前，佳县南区 18 亿立方米/年的整体方案已经编制完成，获得油田公司领导高度认可，米 57 区块 2 亿立方米/年的方案已经获得中国石油集团总部批复，米 64、米 123 两个区两块 4.45 亿立方米/年的方案基本完成，后续工作正有序推进。

“破冰接力”扎冀东　硬核攻坚击瓶颈

近 1 年的现场挂职实践，王国亭已经习惯了“电话铃声持续不断、部署优化至夜半、周末继续再奋战”的状态，油田现场极大地拓展了自己的视野，他像海绵一样充分吸收着新的知识。

油开发、地热开发、新能源开发，储气库建设，通过扎根冀东，王国亭全面提高着自己。更重要的是，他有序谋划着建立冀东油田的致密气开发团队，授人以鱼不如授人以渔，具备团队合力才能形成更强大的攻坚力量，他把自己掌握的致密气开发技术分享给油田的同事们，实现了致密气开发团队建设的破冰之战。

通过携手攻关、技术培训、学科讨论等形式，天然气开发团队由弱到强、由小变大，快速促进了天然气开发学科建设，提高了对生产的支撑作用。地质评价方面，通过沉积体系、储层特征、精细解剖、储量评价、富集优选等线条式分享，地质人员深入掌握了致密气开发地质研究的核心，能够迅速抓住地质问题的关键。动态分析方面，通过开发机理、渗流模型、递减规律、配产论证、产能分析等切入式解析，动态人员彻底通晓了致密气井产能评价的要点，能够快速高质量完成相关工作。基于协同攻关、分区负责、重点指导的方式，冀东油田天然气开发团结具备了致密气藏开发方案编制的能力。挂职锻炼大幅促进了冀东油田天然气开发的学科建设，为未来致密气持续开发提供了有力支撑。

鄂尔多斯盆地新的天然气类型不断拓展着，铝土岩气藏、致密灰岩气藏、深部煤岩气藏，不仅要坚守住已有的阵地，更要攻占更多的新阵地。以本溪组 8 号煤层为代表的深部煤岩气的勘探开发正如火如荼地进行，本溪组煤层以前仅作为地层对比标志层存在，难以想象这样的深部煤层竟然蕴含着巨大的天然气储量。

为了拓展自己气藏开发知识和技术储备，王国亭深入参与佳县区块煤岩气开发先导方案的编制，在做好致密气开发方案的同时，尽可能多地参与煤层分布规律、煤岩结构特征、煤层含气特性及赋存机理、富集规律的研究，为开发井网、气井关键指标、开发技术政策的论证献计献策，跟煤岩气研究团队一起突破瓶颈难题。一个月的突击战斗时间，深部煤岩气亿方的先导试验方案基本编制完成，大家擦擦汗水，又投入到继续优化的工作中。

感受着陕北大地的美丽春光，领悟着神泉堡革命先烈的智慧源泉，延续着磨刀石上开发“蓝金”的破冰精神，王国亭珍惜着这宝贵的挂职锻炼机会，继续用自己的努力和汗水奋斗探索，信心满满地踏上冀东天然气开发的新征程。

【编后语】爱读路遥《平凡的世界》的王国亭，来到翼东油田挂职干起了自己拿手的致密气攻坚工作，他庆幸自己在此领域的先前积淀，更庆幸到翼东油田有了施展武艺的机会。在王国亭眼中，“破冰”颇令他自豪，翼东油田致密气刚起步，人才匮乏，是一片全新的领域。王国亭毫不犹豫地加入这场致密气开发的攻坚中，在激情燃烧的岁月中，鄂尔多斯盆地记住了他奋斗的样子。

一片赤心在古龙

——记中国石油勘探开发研究院挂职干部张斌

挂职感言：经基层风，历一线雨，百年油田写春秋

2023 年 4 月 20 日，中国石油勘探开发研究院挂职干部张斌完成了对四川侏罗系岩心的考察。从四川南充返回大庆后，张斌把侏罗系岩心与大庆古龙页岩进对比分析发现，古龙页岩是纯页岩，很均匀，黏土含量高，而四川侏罗系页岩夹层多，特别是含有大量的粉砂岩或介壳灰岩夹层，纵向非均质性强。由此他得出这样的结论：在评价古龙页岩甜点层段以及后期压裂改造时要具体问题具体分析，不能套用同一模式。

挂职大庆油田勘探开发研究院 10 个月来，张斌致力于古龙页岩油的开发研究，积极为实验技术研发和实验室建设出谋划策，助推实验分析技术再上新台阶；大力支持并积极参与基础理论研究和古龙页岩油地质工程一体化协同研究，为基础理论找到落脚点。同时，他助力油田高素质人才培养，让年轻的科技工作者“跳出大庆看大庆”，为拓展油气勘探新的方向和领域提供新的视角。

铸“根”树“魂”　找到基础研究落脚点

张斌对大庆有着难以割舍的故乡情结。25 年前，他从湖北来到东北，成为大庆石油学院（现东北石油大学）石油与天然气地质勘察专业的学生。虽然只有短短的 4 年学习时间，但大庆已经成为张斌心中的第二故乡。大学毕业后他离开大庆，完成了硕士、博士学业，迈进了勘探院的殿堂，从事油气地球化学和成藏领域的基础研究。

当勘探院决定派一批年轻有为的干部到各油田挂职锻炼时，张斌毫不犹豫地选择了大庆油田。2022 年 7 月，张斌走上了大庆油田勘探开发研究院副总地质师的岗位（挂职），协助分管勘探实验分析技术研究应用等工作。

到大庆不久，张斌第一次来到古龙页岩油钻井和压裂现场，高耸的钻井平台、堆积如山的石英砂、巨大无比的蓄水池……他被宏大的场景深深地震撼了。尽管机器的轰鸣声震耳欲聋，各种工程作业车辆往来穿梭，但整个井场秩序井然。现场施工人员时刻盯着压裂曲线，做好随时应对突发情况的准备。张斌被一线石油人这种严细认真的工作精神打动了——这不就是大庆精神、铁人精神的真实写照吗？

基础理论研究是非常规油气勘探的“根”和“魂”。在大庆，张斌更加深刻地理解了这句话的含义。压裂指挥人员告诉他，储层特征、岩石力学性质等，都会对压裂过程带来重大影响。听到这里，自豪感油然而生——他们的研究成果在这里得到了直接的体现；同时，一股巨大的压力沉在他心头——万一他们的基础研究不够细致，对储层和岩石力学性质认识不够准确，就极可能造成一些不良的后果。到了生产一线，张斌更加体会到科技攻关解决生产问题的责任感和使命感。

现场工作人员听说张斌是地质实验专家，立即提出了一个个他们最关心的具体问题：页岩的孔隙结构到底是什么样子？什么类型的孔隙中的流体才能够流出来？地层中到底有没有水……对这些问题，张斌一一做了详细的解释。但他感到，虽然之前已经开展了大量研究，但似乎并不能完全说服现场施工人员。他们还需要设计出更加科学合理的实验，为反映地下真实情况提供更有力的证据。为此，他列出了古龙页岩基础研究与技术研发相关的10个关键问题，作为后期科技攻关的重点。他还根据三肇凹陷和古龙凹陷在沉积环境、岩性组合、储层物性、流体成分等方面的差异性，针对研究中的疑难问题，及时提供解决思路和方法。

为了找到基础研究的落脚点，张斌还积极参与了古龙页岩油地质－工程一体化协同研究。依托大庆油田“揭榜挂帅”以及北京院“古龙页岩油地质－工程协同研究”等项目，他与研究团队开展了细粒沉积环境、有机质来源与生油气机理、多类型油气分布规律等基础理论研究，开发了多元素原位在线检测、特征生物标志化合物分子提取及同位素分析等实验新技术。在深水沉积环境、有机质埋存过程中的生物—化学作用、白云岩成岩、常规油—致密油—页岩油有序分布规律等方面取得了系列研究成果。他参与组织了古龙页岩油高端学术论坛，邀请国内顶级学术专家把脉问诊，坚定了古龙页岩油勘探开发信心，为下一步工作指明了方向。

健“手”慧“眼”　强化基础研究实践能力

实验技术研发是基础理论研究的“手”和“眼”。为此，张斌把实验分析技术工作作为古龙页岩油开发研究的重点。

2023年2月，张斌参加了第十三届全国石油地质实验技术学术会议。会议在深层天然气形成与潜力评价、深部碳酸盐储层成因、细粒沉积、非常规储层物性评价以及智能化实验室建设等方面的成果让他大开眼界，深受启发。这些成果充分证实了实验技术发展在科学理论研究、生产应用方面的关键指导作用，更加坚定了他加强实验室建设和实验技术研发的决心。

回到大庆，张斌为大庆油田研究院全面介绍了北京勘探研究院的实验技术水平，特别是一些特殊技术的研发和应用实效。专家和同事们第一次全面系统了解了北京勘探院实验技术，一致认为这对于提升大庆油气实验水平很有帮助。

为了进一步促进实验水平提高和技术成果应用，张斌建议加强北京勘探院和大庆油田研究院实验技术人员深入交流，让实验分析人员面对面探讨具体问题。这个建议得到了院领导的支持。4月13日，张斌邀请了北京勘探院长期从事实验分析的专家李志生来到大庆，与实验岗位技术人员面对面交流，为他们提供专业指导，提出实验攻关方向和目标，解答他们在实验过程中遇到的疑难问题，受到了油田研究院实验技术人员的高度评价。

几个月来，张斌深度参与了大庆研究院中心化验室承担的“古龙页岩油开发工程实验技术应用”项目研究，与实验技术人员一起就页岩油生产现场泥浆侵入程度、压裂前后孔隙度渗透率变化和压力敏感性实验、压裂液返排效率和时间、页岩油开发过程中的油气水动态监测等问题展开详细讨论，一起设计实验方案和实验方法，并对实验结果进行甄别分析。张斌和实验技术人员一起，不仅做到为勘探生产提供可靠的数据，还清楚地讲明数据背后的道理，推动实验分析结果在勘探生产中的指导作用。他还积极参与了陆相页岩油全国重点实验室申报材料和古龙页岩油水力压裂试验场建设方案讨论，参与编写了《黑龙江省陆相页岩油重点实验室建设项目成果》总结材料，积极为油田实验技术研发和实验室建设出谋划策。

丽“羽”丰“翼” 助力油田高素质人才培养

优秀的后备青年人才是领航原始理论技术创新的“羽翼”。2023 年 3 月 30 日，大庆油田研究院会议室内气氛热烈，掌声阵阵。一场特殊的“师徒见面会”正在通过远程视频举行。师傅都是油田经验丰富的领导、专家，多数在大庆，徒弟则是 2022 年刚入职成都研究院的新员工，多数在成都。

张斌的徒弟是一名学石油工程的博士毕业生。为了带好这名徒弟，张斌随后亲赴成都，与他面对面地深入沟通。这名徒弟向他展示了博士论文，张斌发现这是一篇非常优秀的论文，说明徒弟具有较强的学习和科研能力。张斌建议徒弟发挥自己在工程技术方面的优势，实现地质—工程一体化攻关。徒弟欣然接受了他的建议。

为了推动专业技术人才培养，丰满古龙页岩油的开发腾飞的“羽翼”，张斌积极与年轻科技人员一起观察薄片、描述岩心，共同讨论实验流程和技术方案，从基础理论上解释地质现象背后的地质规律，培养他们透过现象看本质的能力。张斌认为，科技工作者要坚持实验—研究一体化思路，既要按照标准流程为科研和生产提供可靠的数据，又要善于研发实验新技术，解决科学和生产中面临的新问题。张斌引导年轻科技工作者要开拓思路，结合地质特征对数据做出合理解释，走出“就实验论实验”的思维局限，不断提升讲好地质故事的能力。

几个月来，张斌积极推动年轻科技人员参与国家和行业标准编写，提升油田实验技术在行业内的影响力和话语权。他带领年轻同事参加系列全国大型学术会议。通过这些工作，让年轻的科技工作者能够“跳出大庆看大庆”，开阔了学术视野和研究思路，为拓展油气勘探新的方向和领域提供新的视角。

短短10个月的挂职锻炼，让张斌深刻认识到基础理论研究在古龙页岩油开发中大有可为。无论是常规还是非常规油气勘探，都面临很多没有解决的基础理论问题，给基础研究和实验技术带来了前所未有的机遇和挑战，也为后期的基础研究提供了宝贵的研究内容。张斌总结的古龙页岩油10个亟须解决的重大地质科学问题，对推动勘探院研究成果落地、与油田形成优势互补提供了重要的切入点。同时，通过参与古龙页岩油勘探开发，他认识到，多学科交叉和地质工程一体化是石油工业发展的必由之路，进一步明确了今后科研工作的方向和思路。

【编后语】能为百年油田——大庆油田增储上产做出勘探院科研工作者的贡献，张斌倍感荣幸，更珍惜难得的挂职机会。身为勘探院基础研究的专家，他从抵达大庆油田那天起，就为自己订下了一个个小目标：让油田研究院的科研工作走出大庆，参加全国高端学术会议；把勘探院知名专家请进来，为大庆同仁们传经送宝；带着他们建构站在全国乃至世界复杂地质条件下的研究平台……挂职时间不长，他的小目标一个个实现了，古龙页岩油主战场的研究受到认可，他带领团队成员在全国学术平台上长见识、拓视野，提升了油田团队成员的水准，张斌无比欣慰，他用实际行动书写了挂职锻炼的责任与担当。

青春激荡英雄岭

——记中国石油勘探开发研究院挂职干部吴松涛

挂职感言：把论文写在英雄岭的高地上

2023 年 5 月 5 日，吴松涛身披“中国石油十大杰出青年”的绶带，站在中国石油“五四”表彰大会的领奖台上，接受中国石油对青年员工的最高嘉勉——“超前基础研究的耕耘者”称号，这让这位年仅 37 岁的青年科技工作者倍受鼓舞。

这个表彰，不仅是对吴松涛十几年来超前基础研究成绩的肯定，更是对他挂职青海油田辛勤付出的充分认可。挂职期间，他积极推动前后方联动，借助中国石油勘探开发研究院强大的科研力量，努力攻关英雄岭页岩油面临的一个个难题；他上下求索，梳理英雄岭页岩油富集机理，助力规模增储与快速建产。智慧和汗水洗涤的青春，在英雄岭上激荡。

初上英雄岭　前后方联动协力攻关

英雄岭，只有英雄才能攀越。

2022 年 7 月 1 日，在中国石油勘探开发研究院党委和青海油田党委的关心支持下，吴松涛从石油地质实验研究中心储层研究室主任的岗位上走出来，挂职英雄岭页岩油全生命周期项目部常务副经理。到达青海仅 20 天，他便迫不及待地踏上了英雄岭页岩油第一个平台——英页 1H 平台现场。从花土沟基地到平台现场，60 公里的山路，3400 米的海拔，一个半小时的车程，到达平台时，吴松涛的五脏六腑颠得“翻江倒海”。然而，当他看到项目部的战友们长期坚守在工作现场，不由得对这支真拼真干真英雄的“高原石油铁军”肃然起敬，也坚定了把青春奉献给建设青海油田的决心。

在现场考察后，吴松涛立即投入了英雄岭页岩油的综合地质研究工作中。他了解到，与我国其他盆地陆相页岩油相比，英雄岭页岩油独具特色。从地质条件看，英雄岭页岩油形成于古近系咸化湖盆，累积厚度超 1200 米，是目前全球已知的厚度最大的页岩油区带；然而，相对较低的有机质丰度、碳酸盐矿物占主体的混积沉积体系以及相对较高的地层压力导致“甜点”优选难度大。同时，喜山期青藏高原强烈的构造运动，造成英雄岭页岩油地面条件更为复杂，规模建产难度更大。因此，如何实现英雄岭页岩油规模勘探与有效开发，面临重重挑战。

直面挑战，吴松涛坚持从基础做起。青海油田高度重视基础研究工作，在总地质师张永庶的亲自指导下，他和研究团队认真梳理了英雄岭页岩油面临的问题，系统总结了 4 个方面 16 个科学问题与 10 个生产问题，并针对性制定了详细的研究方案。从科学性、实用性和紧迫性三个维度，与现场同事专家充分沟通，确定了问题攻关顺序，并明确了里程碑时间节点及成果要求。

这些问题，对英雄岭页岩油规模勘探与有效开发至关重要。吴松涛想到，必须借助中国石油勘探开发研究院的科研力量，前后方联动，合力攻关。他将“巨厚高原山地式页岩油富集理论”“储层有效性与有利岩相空间分布”等 6 个问题及时反馈给院里。刘合院士立即组织陆相页岩油地质工程一体化攻关团队积极行动，联合攻关，对这些问题的解决给予了极大的支持。

深耕花土沟　上下层求索确定“甜点”

花土沟是英雄岭页岩油项目部的前线基地，也是吴松涛在现场工作和学习的地点。在这里，面对独具特色的“巨厚高原山地型”英雄岭页岩油，吴松涛虚心向油田专家求教，和油田专家一道将开发“甜点”优选列为首要目标，重点攻关如何在厚度超 1200 米、岩性快速变化的混积型地层中优选铂金靶体。

为了尽快找到“甜点”，吴松涛和团队首先梳理了英雄岭页岩油全部单井资料，初步建立岩心一体化分析共享数据平台，提出岩心统一分析方案，为实现系统性、匹配性与实用性分析测试奠定了基础。他充分调研了大庆古龙页岩油、新疆吉木萨尔页岩油等国家级示范区“甜点”评价标准，带领研究团队完成了《英雄岭页岩油“甜点”评价标准》的更新，将已有的评价标准扩展为平面“甜点”区、纵向“甜点”段评价标准，实现了纵向 23 个箱体“甜点”品质的量化评价，首次提出了“三甜点段”分类方案，并优选甜点区 6 个。这些研究成果为英雄岭页岩油纵向扩展层系、平面扩展规模提供了科学依据与技术支持。

储量申报是现场勘探工作的重要内容，吴松涛来到项目部不久便积极投身英雄岭页岩油储量申报工作中。针对储量申报的关键参数，他牵头完成了 3 大类 8 小类 268 块次样品分析，以及 10251 项分析数据整理，编制成果图件 486

张，明确了矿物组成、有机地化、含油性等关键参数的相关性，并初步建立了英雄岭页岩油纹层结构精细切分、全孔径孔隙结构表征、储层有效性评价等技术。

针对青海油田首口冷冻密闭取心井—柴平 6 井，吴松涛组织完成了冷冻密闭取心数据的分析、整理与评价工作，系统评价了不同取样时间对英雄岭页岩油散失量的影响，为准确恢复英雄岭页岩油的含油量提供了关键支持。在此基础上，通过系统对比不同井储层空间展布特征，初步明确了平面与纵向上不同“甜点”段空间分布的非均质性，为 2022 年英雄岭页岩油预测储量的申报提供了关键参数支撑。

逐梦大高原 担当使命培养人才

人才是企业发展的不竭动力。吴松涛挂职青海油田只有两年时间，英雄岭页岩油的勘探开发是长久大计，后续人才的培养至关重要。

作为英雄岭页岩油全生命周期项目部第 19 名员工，在“天上无飞鸟、地上不长草、风吹石头跑、氧气吸不饱”的恶劣环境里，在青海石油人“越是艰苦，越要奋斗奉献，越要创造价值”的响亮口号中，吴松涛自觉担当起为油田培养人才的使命，发挥专业特长，积极创造条件，努力为提升项目部科研人员的专业技术水平贡献自己的力量。

吴松涛常说："个人的力量是有限的，只有依靠团队的智慧和精神才能实现更大的梦想。"10个月来，他克服新冠疫情等不利因素的影响，积极组织项目部、研究院相关科研人员参加高水平线上会议，包括2022可持续能源发展国际会议——页岩油气勘探开发理论与技术进展、第八届油气成藏机理与油气资源评价国际学术研讨会、古龙页岩油高端论坛、美国得克萨斯大学BEG泥岩系统2022年学术年会等。通过组织会议学习，项目部科研人员进一步了解了全球页岩油勘探开发动态，这对帮助他们认识技术现状、拓宽工作思路、明确未来发展方向发挥了积极作用。

专题培训是提升科研人员工作能力的关键途径之一。为此，吴松涛积极组织开展了实验方法对比与Petrel软件专题培训。他优选代表性样品，在青海油田与中国石油勘探开发研究院同步开展多方法TOC与S1对比分析，为优化青海油田基础实验的分析流程、提高结果准确性奠定基础。邀请斯伦贝谢培训专家开展Petrel软件"一对一"答疑活动，有效提高了科研人员软件使用水平。

在英雄岭上，有一口全球海拔最高油井——狮20号井。井旁耸立着一块红色的牌子"真高真险真艰苦 真拼真干真英雄"无声地述说着这口井背后那些英雄的故事。就是在这里，吴松涛沐浴着石油精神的洗礼，放飞着青春的梦想，努力为青藏高原千万吨综合能源新高地建设默默地奉献着自己的智慧和汗水。

【编后语】没来青海油田之前，吴松涛无法体会这里竟如此艰苦。环境恶劣，地质条件复杂，云集着诸多世界级难题，对于吴松涛而言，在青海油田挂职是他科研工作又一次成长突破的阶段。自己所长是基础研究，缺乏油田实战经验，这一课就补在了油田生产现场。早起晚归，顾不上高原不适，油田一线留下了他坚实的脚步，每一步都走出了勘探院科研工作者无私忘我、攻坚克难的石油科学家精神。

| 第三部分 |

我在新岗聚合力　破解难题真作为

扎根柴达木　汗洒英雄岭

——记中国石油勘探开发研究院挂职干部龙国徽

挂职感言：徽以此为阶，从高原走向高地

2022 年 8 月的敦煌酷暑难耐，龙国徽在办公室内挥汗如雨，为即将完成的开题设计——《英雄岭全含油气系统整体研究与整体突破》紧张地忙碌着。这是他自 2021 年 10 月到中国石油勘探开发研究院挂职以来回油田组织的第一个开题设计，为了这项对于青海油田具有“压舱石”意义的重大专项研究，龙国徽带领他的团队已经奋战多月。

践行中国石油集团人才强企战略，心系青海油田建设千万吨规模高原油气田目标，龙国徽如茫茫戈壁的一棵胡杨树，深深地扎根于柴达木盆地，把汗水抛洒在英雄岭上，在荒原戈壁谱写了一首勇于奉献的青春之歌。

临阵受命　向世界级难题进发

2022年7月5日，中国石油股份公司重大专项《英雄岭全含油气系统整体研究与整体突破》开题设计第三次讨论会议举行。中国石油勘探开发研究院石油天然气地质研究所副所长（挂职）龙国徽参加了会议。他在发言中明确提出，在英雄岭双复杂地质条件下，利用连片的三维地震资料、全油气系统的新思路新方法开展整体研究，必将实现整体突破。

龙国徽的发言得到了青海油田研究院和勘探院塔里木盆地中心专家的高度认可，认为他的思路不仅实事求是，还有新思路新扩展，符合英雄岭的研究需求，完善后实施将会取得新的认识和大的突破，当场决定由他来率领团队完成这个重大专项的开题设计。

英雄岭是柴达木盆地地质条件最复杂、勘探开发难度最大、油气最为富集、勘探效果最好的区带，已发现全油气系统含油，是近期及未来青海油田最重要的石油勘探区带。中国石油股份公司高度重视英雄岭勘探研究工作，指示开展新一轮整体科研攻关，希望在“十四五”期间实现整体突破。然而，实现英雄岭全含油气系统整体突破，是公认的世界级难题。

龙国徽深刻理解这个课题对青海油田的重大意义，毅然受命。他深知，由他担任项目长是青海油田对他这个“老青海”的信任，也是勘探院领导和导师对他的期望。

龙国徽之所以受到青海油田领导和专家的信任，基于对他工作经历、品质和能力的深刻了解。在来到勘探院挂职锻炼之前，龙国徽已在青海油田工作12年，从一名科研工作者到团队技术带头人，从技术骨干成长到油田最年轻的副处级干部——青海油田勘探院副院长。这些成绩，与积极响应加大勘探开发力度和坚持人才强企战略的青海油田给予龙国徽的平台是分不开的。

2021年10月，在中国石油人才强企战略的推动下，龙国徽来到勘探院挂职锻炼，担任地质所副所长。在这里，他在学识上接受着勘探院专家导师的指导，在实践中心系青海油田的勘探开发。《英雄岭全含油气系统整体研究与整体突破》开题设计，是他挂职锻炼期间要完成的第一份答卷。

冲锋在前　导师做攻关坚强后盾

临阵领命，龙国徽没有感到喜悦。身在沙漠绿洲敦煌，他不看长河落日，不赏大漠孤烟，心头是沉甸甸的压力。

龙国徽想起了几年前对柴西南岩性油藏勘探的那次攻关。当时他担任扎哈泉岩性油藏勘探领域的项目长时，遇到了复杂滩坝叠置发育、薄互层储层难以识别等地质问题与技术难点。面对这块难啃的“骨头”，他从组建6人攻关团队开始，仅用两年时间，提出了咸化湖大平原、小前缘、“三古”控制下的多期滩坝叠置地质新认识，利用地震沉积学解决了“一砂一藏”的目标识别问题，形成了一套适合咸化湖盆薄互层储层预测的系列技术，发现了扎7、扎9、扎11等7个油藏，并将有利区范围扩大至整个柴西南，发现的切克里克以及砂西—尕斯斜坡岩性油气藏区，成为青海油田重要的勘探领域。

想起在青海油田的一次次实践，龙国徽认真分析了自己的优势。多年勘探院的工作经历，使他熟悉资料、了解实际；在勘探院的学习，提高了他的宏观分析和研究能力；对油田、勘探院的业务组织和专家较为熟悉，具备便利的沟通条件。这些优势，使他相信自己能够挑起这个重担。

领命当晚，龙国徽查资料、深思考，彻夜难眠。他知道，要完成开题设计，需要闯过一道道难关。远在千里之外的西北，他首先想到的是勘探院的导师们。

龙国徽不能忘记，刚到勘探院挂职时，他被安排到地质所担任副所长，勘探院总地质师胡素云为他量身定制了挂职锻炼培养方案，涉及培养方向、岗位职责、任务目标等内容，研究聚焦到西部几大盆地。此次派他到青海油田参与英雄岭项目，也是勘探院领导和导师出于检验他挂职以来所学知识的消化程度和锻炼他实战能力的目的。

在这关键时刻，龙国徽打通导师杨威和专家易士威的电话，汇报了他对英雄岭课题的初步思路。在导师们的指导下，在与石油勘探研究所详细沟通最新勘探成果后，龙国徽梳理出关键问题、重点研究内容和预期成果目标。

导师的指导让龙国徽对开题设计有了整体的考虑，接受任务的第 3 天清晨 5 时，他写下了整体设计的宏观轮廓，当天将对课题的想法向领导专家进行第一次汇报，得到大家的高度认可，确定了框架。

决胜大漠　英雄岭成为勘探亮

在这个框架下，一支战斗力旺盛的攻坚团队形成了。龙国徽对团队从勘探概况、勘探研究历程、认识与启示、关键问题和研究内容的设计与细化等方面进行详细地分工，团队攻关工作有条不紊地展开。

难关要一道一道攻克。龙国徽团队从回顾历史总结启示入手，查阅老资料，请教老专家、老师傅，回顾勘探历程；通过查看勘探展列、石油志等资料，查清历史脉络、关键节点阶段和成果。通过认识理念、勘探技术等的关键变化，总结不同时期勘探成果以及现有认识启示，以指导下步勘探。为了总结现状找准问题，他们通过对勘探成功和失利的总结，对目前勘探需求和存在问题进行分析，并转换为地质问题进行分析归纳，落实到专业上。他与团队立足全油气系统新理论和思路，重新认识总结英雄岭，终于确定了下步方向，即立足全油气系统，依托大面积三维连片，开展总体研究，形成整体认识，实现整体突破。

龙国徽承担的这个研究项目受到勘探院领导高度重视，首席专家李剑组织专家研讨，柴达木盆地中心以及地质所组织人员全面落实，对下一步思路根基性、方向性的问题进行指导，使项目站位更高、立意更新，达到油田要求；在执行上群策群力，快速编制材料，交流讨论完善，很快完成材料雏形。

一次次讨论，一次次调整聚焦，龙国徽团队终于按照既定时间完成了第一稿开题设计。2022 年 7 月 20 日，龙国徽向青海油田进行了汇报。

45 分钟，一鼓作气，酣畅淋漓、系统完整、渲染力强，龙国徽的汇报获得了青海油田专家和领导的高度评价。“这个汇报优点突出，针对性强，对英雄岭全含油气系统的整体研究做了一个很有指导性的研究方案。”

龙国徽团队的研究成果吸引了中国石油各级领导专家的目光，并纷纷给予充分肯定。英雄岭页岩油成为青海油田的勘探亮点。

“挂职锻炼的 8 个月，提升了我用不同视角解决问题的能力，使我重新认识和思考柴达木盆地的油气勘探工作，对不变的地质条件和勘探目标有了新的认识，帮助我在英雄岭页岩油立项开题过程中，总结特性，抓住关键问题，设计可行的研究内容。”即将完成开题设计的龙国徽对勘探院的培养满怀感激。

【编后语】 来到勘探院挂职，龙国徽十分荣幸且自豪，他把勘探院视为阶梯，向上不断深入其他盆地，和勘探院其他科研工作者站上研究认识的“云端”。从油田企业来到研究院挂职，工作环境、学术氛围均发生了改变，在这个更高的平台，向院士、专家学习，与他们研讨，龙国徽受益匪浅，他带着生产疑难问题来，奔着解决问题去。在他的努力下，在勘探院院士、专家的指导下，他收获满满，为油田增储上产贡献更大力量。

“顶级学院”里的“攀登者”

——记中国石油勘探开发研究院挂职干部黄志佳

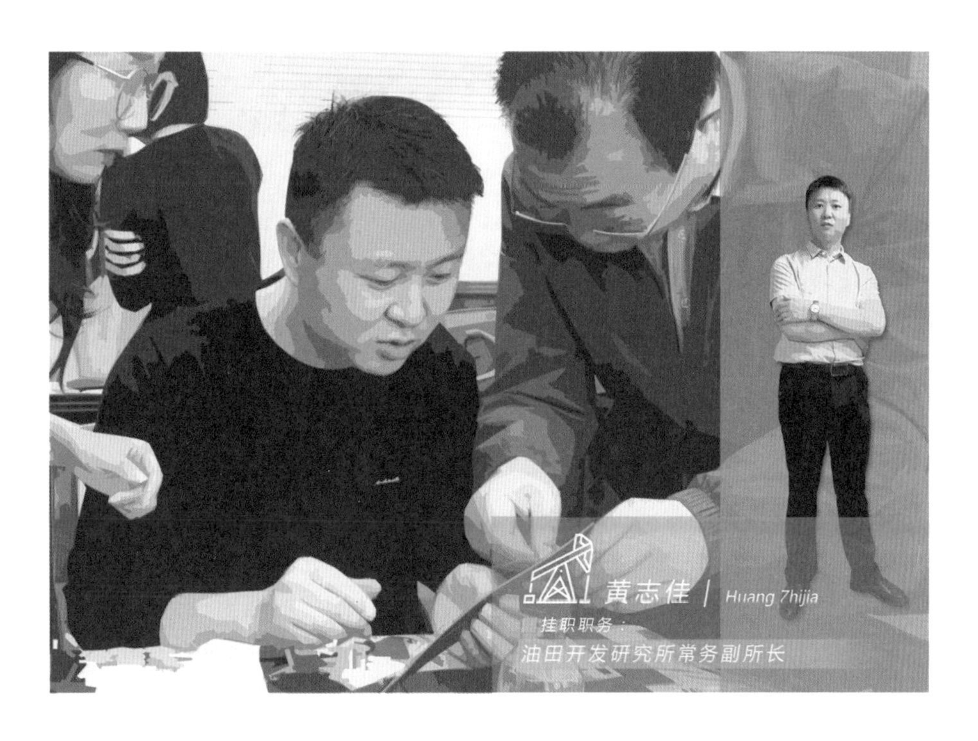

挂职感言：行石油痴者之路，攀科研慧明之峰

2022年7月11日，中国石油勘探开发研究院油田开发所常务副所长（挂职）黄志佳把刚刚完成的《不同油价时期公司国内原油业务生产经营的对策建议》的4个方面7条工作建议，上报到勘探与生产分公司。这是他到勘探院挂职8个月以来完成的第3份工作建议报告。此前完成的建议报告，作为《公司已开发油田效益产量评价及对策建议》一部分，已获中国石油集团董事长戴厚良的批示。随后完成的《超前布局油藏建库战略，激发油气协同生产潜力的对

策与建议》，华北油田已据此开始了任丘潜山油藏储气库建设的论证和设计工作，如果建成，将大幅度提高油藏采收率，并形成一座超大规模的储气库。

如此高的效率，让这个来自华北油田生产一线的青年科技工作者惊喜不已，也坚定了他在“中国石油顶级学院”攀登油气勘探开发科研高峰的信心。

决策参考，精细效益评价单元方式释生产困惑

2021 年 10 月，带着油田的芳香，黄志佳走进中国石油勘探开发研究院挂职锻炼，担任油田开发所常务副所长。领导职务对于黄志佳来说并不陌生，从 2010 年开始，黄志佳就在华北油田带领队伍进行充实产能建设、滚动评价、油藏精细描述工作。在华北油田公司的煤层气公司和苏里格致密气公司，他从室主任一步步成长为分公司党委书记。然而，在专业性理论性都很强的勘探院油田开发所担任常务副所长，对于他来说无疑是一个巨大的挑战。

为了培养这个来自生产一线的青年人才，勘探院为黄志佳量体裁衣，让他在全面掌握上游开发业务的同时，重点拓展战略思维能力，负责原油规划计划与经济评价业务。在全新的挑战面前，黄志佳勇敢迎战。他很快发现，作为一门软科学，如何更好地发挥研究成果的作用，更好地服务上游业务的发展，决策参考是一个非常好的渠道，也是彰显勘探院影响力和话语权的一项事半功倍的重要工作。高质量的决策参考，为集团公司党组甚至是中央部委的战略决策提供依据，这是在油田工作时难以遇到的机会。黄志佳决定抓住一切机会，尽快拿出高质量的决策参考来。他克服在油田生产中形成的“一盆之见”，把眼光投向全国油气和世界油气领域，猛补短板。一个机会终于来了。

那是他挂职工作刚开始不久，所里一位经济评价企业专家找到他，希望他能利用多年油田的实际工作经验，对已开发油田效益产量评价提出一些意见。黄志佳不负众望，结合油田生产实际，科学地划定评价单元的重要意义以及目前油田企业经济评价的一些困惑。他建议，规范评价单元的划分标准和与财务系统间的对应关系，以开发单元作为精细效益评价单元。这些意见和建议，写进了《公司已开发油田效益产量评价及对策建议》，并在 2021 年 11 月底得到了戴厚良董事长的批示。

董事长的批示，给了黄志佳莫大的鼓舞，让他更加珍惜这次挂职机会。“归零意识、空杯心态的调整是一个充满挑战与痛苦的过程，更是对意志的一个重大考验。挂职锻炼不是过客和镀金，而是沉淀和精磨，是磨炼心性意志的最佳平台。”挂职锻炼仅仅一个多月，黄志佳就深深地体会到了挂职锻炼的真正意义。

1＋1＞2，储气库协同开发模式建议获油田论证

2022 年 1 月 19 日，国资委提出了“加速提高天然气储存能力，提前布局储气库规划，保证天然气供应安全”的要求。黄志佳深刻理解此举的意义所在，他想到，塔里木东/塔中 4 等油藏通过驱油与储气库协同建设，增油 85 万吨，中心井组提高采收率超过 30.5 个百分点，建成了调峰能力 0.8 亿立方米/日的高效储库，这 1＋1＞2 的协同开发模式，让他对油田的开发有了新认识。

黄志佳一直在油田一线生产单位工作，虽有实践经验，但在格局和站位上还存在局限，技术的深度和精度上还存在明显的不足。来到勘探院工作后，他有了更多的机会去接触和掌握上游业务的发展趋势和宏观战略问题，这既是一个补短板的过程，也是全面提升生产实践经验丰富“长板”的绝佳方式。他理论联系实际，将所内研究成果与油田实际需求互通互融，这种生产一线实践经验的“长板”优势很快凸显。

黄志佳发现，过去华北油田在环京地区有着苏桥、京 58 两大储气库群，多是由天然气藏改建而来，能不能在油藏上做一些工作？能不能把这种 1＋1＞2 的协同开发模式应用于华北油田储气库建设？为了求证自己的判断，他请教专家，遍查资料，详细分析东部潜山油藏的特点和过去减氧空气提高采收率的实验效果。最后，他得出了这样的结论：这种协同建设的方式完全可行，并且潜力巨大。他联合所里专家，认真分析他国天然气消费市场和供需矛盾以及东部老油田的地质特点，编写了《超前布局油藏建库战略，激发油气协同生产潜力

的对策与建议》的决策参考文章，提出了优化储气库空间布局、加快东部大库容油藏储库建设等3点具体的工作建议。建议经过院专家审核后，上报到集团公司党组。根据这一建议，华北油田开始了任丘潜山油藏储气库建设的论证和设计工作，如果建成，将大幅度提高油藏采收率，并形成一座超大规模的储气库。

“效益评价油价参考基值”应对国际油价“过山车”

到勘探院挂职已过半年，黄志佳非常感谢组织的培养和信任，让他这个一直在油田基层一线工作的科技人员，有机会和“中国石油最强大脑”交流互动。这里没有基层显眼的红色工服和火热的生产现场，但是在一张张洋溢着青春的脸上和一间间灯火通明的办公室里，依旧让他感受到石油科技工作者那份为国献油气的情怀和孜孜不倦、精益求精的科学家精神。他从油田生产一线走来，更熟悉油田开发所面对的“拦路虎”，这里有最好的机会制服这些“拦路虎”。原油的高效评价、效益建产、大幅度提高采收率、降低开发成本……这些课题，哪一个拎出来都会让油田开发工作者为之奋斗一生。

应对国际油价波动，就是黄志佳挂职以来迎战的一只“拦路虎”。2022年，受国际形势变化和新冠疫情双重影响，原油市场“灰犀牛”和“黑天鹅”事件频现。尤其是乌克兰危机爆发后，国际油价大幅波动。短短一年，国际油价逼近120美元/桶，过山车一样的变化大大超出业内预期。如何有效应对油价波动？黄志佳聚焦国家能源战略需求和公司原油效益开发，和专家共同研究对策，从分析公司原油业务效益的影响因素入手，到现阶段降本增产挑战，再到地缘政治、技术、供需三重要素叠加和未来油价走势分析。经过不懈努力，提出了《不同油价时期公司国内原油业务生产经营的对策建议》4 方面 7 条建议举措，并作为工作建议上报到勘探与生产分公司。

黄志佳清楚地记得，当年就读的成都理工大学宿舍前有一片绿树环绕的树林，是同学们每天晨读的地方，那里静静地矗立着一座烈士雕像——电影《攀登者》中李国梁的原型邬宗岳。多年来，邬宗岳那种不畏艰难、勇攀高峰的精神一直激励着他。黄志佳知道，在勘探院挂职的他就是一名新的攀登者，面前一座座油气勘探开发科研的高峰等着他去攀登。

【编后语】黄志佳把自己视为攀登者，在勘探院挂职，他除了孜孜不倦地学习，更多的是和勘探院的科研工作者们共同攀登科学高峰。勘探院浓厚的学术氛围、知名专家学者、令人叹服的成就，都使黄志佳坚定信心要有所学、有所思、有所为。他和团队成员为了一个项目不畏艰辛、攻坚克难、攀登高峰，在短短的挂职期间取得的成绩有目共睹。黄志佳朝着给自己定的一个个目标奋进，天道酬勤，对于他而言，与一群志同道合的科研工作者携手并行，何其幸也！

假舟楫者绝江河

——记中国石油勘探开发研究院挂职干部付秀丽

挂职感言：不负使命，孜孜以求

2023年5月26日，“中国国际油气勘探技术年会”在北京举行。中国石油勘探开发研究院挂职干部付秀丽所作的主旨报告《古龙页岩油原位成藏理论进展》，引起来自国内外石油勘探专家、学者的关注。他们认为，报告鞭辟入里，对古龙页岩油的勘探开发具有一定的理论参考价值。

这一成果，凝聚着付秀丽从大庆油田到勘探院挂职一年来的心血。其间，她带着大庆古龙页岩油勘探开发的难题而来，借助勘探院院士专家云集和研究设备先进的优势，孜孜以求，潜心钻研，解决了“页岩形成的沉积环境定量表征、富有机质页岩成因及页岩油保存条件”等古龙页岩油开发中的三大难题，为古龙页岩油的进一步开发贡献了力量。

锚定目标 攻关之旅勇启航

2022 年 7 月，大庆油田勘探院区域地质研究室一级工程师付秀丽来到勘探院石油地质实验研究中心任副主任（挂职）一职。此时，她的心情沉重而兴奋。几年来，古龙页岩油三个勘探开发难题尚未解决，巨大的压力时时困扰着她，她怎能不沉重？现在，身处院士、专家济济一堂，研究设备国际一流的勘探院，古龙页岩油难题有望在这里得到解决，她又怎能不兴奋？付秀丽带着生产问题而来，锚定目标，决心利用挂职期间攻克这些难题。

2021 年 8 月，大庆油田宣布古龙页岩油勘探取得重大战略性突破，新增石油预测地质储量 12.68 亿吨。这一消息，让时任大庆油田勘探开发研究院区域地质研究室页岩油基础地质研究组组长的付秀丽分外振奋。作为多年来从事古龙页岩油勘探开发研究者，她深知页岩油突破的里程碑上凝结着科技人员付出的艰辛和汗水。然而，页岩形成的沉积环境定量表征、富有机质页岩成因及页岩油保存条件等三大难题，仍然是她与同事们亟须攻克的难关。

毕业于中国石油学院（北京）矿产普查与勘探专业的付秀丽，自从 2019 年加入古龙页岩油团队以来，就把古龙页岩油的勘探开发作为自己的主攻目标。然而，古龙页岩油青山口组富有机质页岩成因一直认识不清，影响了有利层段及有利区的优选，成为摆在大庆油田科技工作者面前的最大难题。付秀丽与同事们发现，由于古龙页岩形成于半深湖—深湖沉积环境，沉积体系相对确定，但对于页岩原始沉积的古气候条件、古盐度特征、古水深及古氧化还原环境的认识不清，前人开展相关的研究偏少，影响了古龙页岩有机质来源及形成条件等科学问题的认识。这些问题不解决，必然影响古龙页岩油富集机理及富集规律的认识，难以有效指导页岩油富集区优选及开发层系的精细优选。

带着这样的难题来到勘探院挂职，付秀丽坚信，她定能从这里找到答案和解决问题的方法。

他山之石　孜孜以求突破口

北京的盛夏酷暑难耐，付秀丽办公室的灯光常常彻夜不息。

为了解决古龙页岩油勘探开发难题，付秀丽夜以继日地查阅国内外大量科技文献。她从地质环境研究入手，利用 2 个多月时间，与技术人员在勘探院石油地质实验研究中心实验室连轴转，融合分析资料。在查阅大量国内外相关文献和资料后，她了解到，沉积环境主要用基于微量元素及地化参数分析去定量表征，富有机质页岩成因也一般基于沉积环境参数、地质事件等结合有机质丰度的分析开展研究，保存条件主要通过顶底板的物性条件、突破压力等参数分析来开展研究。

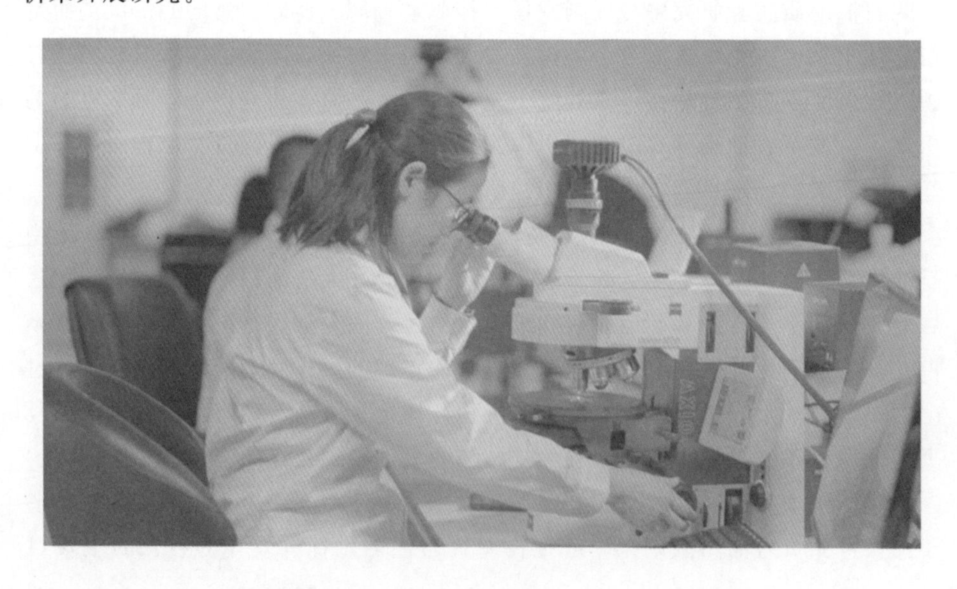

在纳米实验室，针对古龙页岩储集空间为微纳米尺度、沉积环境如何等问题，付秀丽与发射电镜和微量元素实验操作人员深度交流，共同攻关。在了解了实验原理、方法和适用条件后，她的研究思路逐渐拓宽了。通过与从事页岩油基础地质研究的院士团队和专家交流，通过多次参加页岩油相关的各种会议、高端论坛、项目交流、技术研讨……在潜移默化中，她针对三大难题的研究思路更加明朗，在头脑中初步形成了基于无机元素分析的沉积环境定量表征技术，并推测青山口组富有机质页岩成因可能受控于温润湿润的古气候、强还原环境、缓慢的沉积速率及火山喷发的多种因素耦合控制。为了验证这一想法，付秀丽的古龙页岩油攻关之旅快速推进。

虚心求教 借力发力破难关

2022 年 7 月，付秀丽与实验人员一起分析了近百块古龙页岩典型样品的微量元素，她不断深入了解到微量元素在分析沉积环境中的重要作用。

为了解决页岩形成沉积环境的定量表征，她广泛了解不同实验的方法和原理，与实验人员密切配合，逐渐对系统碎样、挑样、切样、镀金等实验步骤轻车熟路。通过 iCAP－Q 电感耦合等离子体质谱仪及 FIB 双束场发射扫描电镜等高精尖仪器设备的详细观察，在丰富实验数据分析的基础上，付秀丽逐渐建立了基于 Sr/Cu、Sr/Ba、V/(V＋Ni) 等参数的古盐度、古气候及古氧化环境定量分析方法，结合松辽盆地白垩系实际地质特征、近万米岩心毫米级精细描述及 5 万多块项的实验样品数据，她首次创新“四古”沉积环境定量恢复技术，建立起适合松辽盆地古龙页岩沉积环境参数的指标和标准，实现了古龙页岩形成的沉积环境的“四古参数”的定量表征，为古龙页岩油富集成因及成藏条件分析提供了重要依据。

为了解决富有机质页岩成因的难题，她经常请教身边的院士、专家团队。付秀丽的办公室对面，是全国著名的地球化学专家张水昌教授和全国杰出青年科学家王晓梅教授，他们对于页岩富集成因研究方面有着独到的见解。付秀丽抓住近水楼台、得天独厚的优势，无论工作日还是周末，都会向两位专家请教。经过多次深入交流和探讨，她深刻理解了地球化学元素及相关参数在判断富有机质页岩成因方面的重要作用。在专家的指导下，她针对古龙页岩的独特地质特征，充分考虑地化元素对有机质富集的影响作用，并试图进行定量化表征。同时，她通过岩心精细描述从岩心上找到至少 6 期火山喷发的证据，从地震剖面上找岩浆热液侵入青山口组页岩的证据，多方面、多指标地论证了古龙页岩富有机质页岩受控于构造沉积背景，古气候、古盐度、古氧化还原条件及古水深的四古沉积环境，火山及岩浆热液的地质事件影响等三方面因素的耦合作用。

为了解决古龙页岩油保存条件难题，付秀丽与页岩油研究经验丰富的赵文智院士团队进行了合作。赵文智院士团队对国内盆地页岩油气顶底板保存条件研究深入，成果丰富。对于古龙页岩油，他们提出过很多独到的见解。经过多次与刘伟、曾旭等院士团队成员进行交流，他们决定从顶底板岩性、物性及突破压力分析着手，开展典型井100余块项样品的突破压力试验。经过对突破压力实验数据深入对比分析，发现古龙页岩顶底板的突破压力较大，几乎可以与国内其他盆地页岩气顶底板的突破压力相对比，这也更加证明了古龙页岩油顶底板的保存条件是非常有利的。付秀丽进一步结合断裂的封闭性及顶底板的物性条件，提出了古龙页岩油具有三级保存机制的地质认识，进一步丰富了古龙页岩油原位成藏理论的内涵，为页岩油富集区优选提供了重要依据。

“假舟楫者，非能水也，而绝江河。”付秀丽借助勘探院的“舟楫”对古龙页岩油三大难题的探索，使她的学术水平和业务能力都有了质的飞跃，可谓收获满满。一年来，她以第一作者和通讯作者撰写的论文，发表在SCI及核心期刊3篇，国际会议论文2篇，撰写发明专利2项，其中“富有机质页岩成因”以大量证据说服了大庆油田多位专家，获得大庆油田研究院基础研究创新成果一等奖。“这些成果的取得，离不开勘探院高精度实验仪器设备的精准分析，离不开院士专家给我的启迪，没有挂职这个经历，三大难题不知何时得以解决。”这是付秀丽即将结束挂职锻炼时的真心感言。

【编后语】付秀丽除了出差，很多时候或者在请教知名专家，或者泡在实验室里。她把在大庆油田古龙页岩油研究还没破解的难题带到了勘探院，付秀丽想在挂职的一年时间里破解这些难题，让大庆古龙页岩油勘探开发迎来发展的春天。付秀丽为了理想而奋斗，为了百年油田更展宏图而追求。

在彻夜的灯光里寻求新突破

——记中国石油勘探开发研究院挂职干部殷树军

挂职感言：精雕细刻，铸梦百年油田

2023 年 3 月 24 日，中国石油勘探开发研究院挂职干部殷树军把“潼深 6HC 井的测井综合解释评价结果”交到院领导、专家案前。潼深 6HC 井是探索茅二段及栖霞组白云岩储层发育情况及含气性、拓展合川地区中部条带储量规模的一口重要探井。殷树军带领相关技术人员经过近一周的奋战，高质量完成测井综合评价，这是殷树军挂职锻炼 8 个月来完成的又一口重点井测井评价，实现了自身业务水平的又一次突破。

在勘探院领导的关怀下，在研究团队的协助和支持下，殷树军以勘探院为舞台，以复杂储层测井解释为目标，虚心求教、勠力攻关，在一夜夜不熄的灯光里，实现了一个个科研成果的新突破，综合能力得到大幅提升。

踔厉奋发　寻求非常规储层测井评价技术新突破

2022 年 7 月 6 日，殷树军从大庆油田来到勘探院挂职锻炼，担任测井技术研究所副所长，负责协助风险勘探测井评价、页岩油领域测井技术攻关和 CIFLog 软件现场应用与推广工作。

大庆油田古龙页岩油是中国石油重点研究领域，其测井评价技术也是目前还在攻关的世界级难题，关乎油田 3000 万吨稳产乃至国家能源战略接替。多年来，一直从事复杂储层测井解释的殷树军，把页岩油储层测井精细评价作为自己的攻关目标。他珍惜此次大好的学习机会，来到勘探院第一天就参加了刘合院士组织的古龙页岩油基础研究阶段工作讨论会。会上开放的讨论方式、各专业互相借鉴与融合、观点的激烈碰撞，以及深入的理论认识让他眼界大开。殷树军主动要求加入古龙页岩油基础研究团队，并暗自下定决心，一定要把勘探院的前沿理论和技术应用到大庆油田科研生产中。

岩石物理实验是测井精细，古龙页岩为陆相沉积泥纹型，具有高黏土含量、薄纹层和页理发育、孔隙以微纳米孔为主等特点，如何制定适合古龙页岩油的实验方案和技术路线？长期以来，殷树军一直在思考和探索。

殷树军多次主动向院士请教、向不同学科的专家请教，厚厚的笔记本上记录着各种观点与认识。通过多次讨论交流，他组织推动了古龙页岩油取心配套实验方案设计，设计了不同饱和状态、频率、回波间隔二维核磁实验，配合多温阶热解—核磁实验确定总孔隙度、有效孔隙度、可动孔隙度截止值，完善二维核磁饱和度解释图版，设计了配套的全岩、CT－扫描电镜实验方案，明确了不同类型岩性的储集空间分布规律。实验方案一确定，他马上回大庆落实岩心，保障了实验方案的顺利实施。在此基础上，形成了变 T2 截止值的孔隙度评价方法及基于数字岩心的饱和度解释模型，为大庆油田 2023 年亿吨级探明储量的提交提供了有力支持。

同时，殷树军及时跟踪古龙页岩油现场施工情况。针对古龙页岩油水平井测井响应差异大，水平井储层非均质性强的特点，结合相关地质认识，殷树军提出了基于聚类分析法的页岩油水平井储层非均质性精细刻画技术。通过实时跟踪和分析现场压裂施工情况，明确了压裂效果与储层品质的内在关系，在甜点分类评价上取得突破性认识。

在此基础上，他逐步构建形成基于岩心精细认识、测井宏观表征、平面（纵向）规律认识、地质成因匹配、工程有机结合的页岩油储层评价技术方案，并协助完成了《页岩油测井资料解释技术规范》的编制。殷树军坚信，行则将至，做则必成，有了勘探院顶级专家的支持，有了团队成员团结一致、勇于攻坚的精神，非常规储层测井评价技术终将成为大庆油田增储稳产的又一利器。

借智借力　寻求碳酸盐岩测井评价技术新突破

近年来，大庆川渝探区在二叠系取得了勘探突破，如何进一步扩大战果，推动勘探突破成为储量提交、储量提交成为规模上产，对测井评价提出了更高的要求。

2019 年以来，殷树军带领团队针对缝洞储层精细刻画、储层有效性评价、产能预测等难题开展攻关，形成了一套基于岩石物理相分类的碳酸盐岩储层评价方法，助力千亿立方米探明储量的提交。但是，在碳酸盐岩储层岩石力学评价、弱云化白云岩储层刻画等方面还需要进一步攻关。殷树军来到勘探院测井所后，积极与所里专家进行交流讨论，针对碳酸盐岩储层的特点，就电成像测井和阵列声波测井等特色处理解释技术的深化应用方面提出了油田需求，并根据需求和测井所专家一起对大庆油田重点探井进行了精细处理解释。

2022 年 10 月，合深 401 井、合深 402 两口重点开发井完钻，钻遇的白云岩储层展布和发育情况是关注的重点。由于是大斜度井，地层界面对远探测声波测井解释带来多解性。殷树军与李潮流、刘鹏等专家反复讨论，通过高精度横波反射波分步提取、克希霍夫叠前深度偏移成像、过井资料对比分析等技术实施，最终实现了对井外缝洞反射体的精准识别，为射孔层选择和试气方案的编制提供了有力支撑，两口井均获得了 200 万立方米以上的高产。

在塔东古探 1 井的解释过程中，殷树军与项目组人员反复讨论，明确了礁滩岩溶体的走向，为侧钻提供了有力的依据。经过几个月的努力，他们充分发挥电成像与远探测声波相结合的储层有效性评价作用，实现了从一孔之见到远井筒的综合解释，为油田的生产提供了有力的技术支持。远探测声波测井资料处理解释方法，也得到了进一步的推广，使勘探院的技术与油田的需求实现了更好的结合。

院企联动　寻求 CIFLog 软件油田生产应用新突破

工欲善其事，必先利其器。对于测井评价来说，一套好的处理软件不仅能够提高油层的解释精度，还能大幅提高工作效率。

2018 年，换代升级后的 CIFLog2.0 软件在基础平台、单井精细处理、多井综合评价等方面的技术优势给殷树军留下了深刻印象。于是，他积极与李宁院士团队联系，希望推进 CIFLog 软件在大庆油田勘探开发研究院的全面应用。他精心选择优秀青年技术人员，成立 CIFLog 软件应用小组，通过组织一系列交流培训和软件应用技能大赛，培养了一批种子选手，为 CIFLog 软件在大庆油田勘探开发研究院的快速推广应用提供了有力保障。

来到勘探院测井所后，团队负责人王才志将软件的研发历程、软件的底层架构、每个模块的研发过程、功能等对殷树军倾囊相授，研发团队的每一名成员也就存在的难题和发展方向等与殷树军进行了深入交流。当时正值CIFLog软件研发团队针对大庆油田实际应用需求进行功能完善的关键阶段，殷树军充分发挥自己在测井处理解释方面的经验，对大庆油田实际应用需求进行了深入分析和总结，针对CIFLog平台成像、核磁、声波、最优化等处理模块，提出了具体的改进建议。他与研发团队一道，对软件整体功能进行升级完善，并将已经形成的页岩油测井评价方法进行快速集成。为了确保软件升级后的应用效果，殷树军组织大庆油田技术人员进行了系统测试，通过对相关技术的多次迭代优化，最终达到国外权威软件的处理水平。2022年8月11日，CIFLog3.1软件在大庆油田正式安装投用，油田研究院一次性换装45套，夯实了CIFLog软件在大庆油田勘探开发研究院主流软件地位。

CIFLog3.1软件在大庆油田换装后，并没有停止迭代、升级的脚步。在殷树军的谋划与推动下，基于CIFLog3.1的碳酸盐岩储层测井评价模块、水淹层测井解释模块已取得实质性进展，2023年内将开展测试应用。针对老油田有大量测井资料的情况，为了将这些井的资料建成规范化、标准化的成果库，满足精细建模要求，进一步与地质认识进行深度融合，深化储层、沉积、油藏认识，实现地质目标的精细刻画，殷树军谋划并积极推动测井综合评价大数据平台的建设，该平台建设已成为中国石油项目《CIFLog测井处理解释工作化云应用平台建设》的主要工作内容。在李宁院士的带领下，国产大型测井解释软件实现了弯道超车，打造基于CIFLog的测井评价生态系统，已成为大庆油田与勘探院一起合作的共同目标。

挂职8个月来，殷树军在勘探院收获满满。他感慨地说："我一直从事测井解释方法研究，负责、参加了大庆长垣外围、海拉尔、冀东、哈德等国内外近14个油田的测井评价工作，但最让我难忘的还是在勘探开发研究院测井所的这段挂职经历，我觉得只要沉下心、造精品，勇于突破，就一定能攻克各种难关，为油田作出高质量的贡献。"

【编后语】勘探院的大学堂成就着挂职干部殷树军，在这里，他孜孜以求攻克一道道难题。他说，师从于李宁院士及优秀的专家们是幸运的，在他们的帮助与指导下，自己的理论水平、解决问题的能力有了更大的提升。他无比珍惜挂职锻炼的机会，把挂职锻炼作为成长的新契机。每一个挑灯夜战的不眠之夜，每一个奔向曙光的希望之夜，每一个收获满满的坚守之夜，他都带着虔诚的求学之心，为祖国献石油的奉献之心，为自己的挂职写下精彩之笔。

甘做院企一“桥梁”

——记中国石油勘探开发研究院挂职干部李楷

挂职感言：为科技兴油奋斗终身，热爱石油，奉献石油

当最后一抹晚霞消失在西山，中国石油勘探开发研究院挂职干部李楷仍在为《油水井腐蚀由被动防治向主动防控转变的思路》这一课题紧张地工作着。这是他与勘探院采油所同事一道，针对长庆油田油水井腐蚀防治技术整体存在评价周期长和监测滞后的问题，开展油水井腐蚀在线精准监测、配套精细的实时分析和智能预警管控等攻关所取得的成果。这项技术对油田防腐和套损治理的“两化”升级具有重要意义。

挂职一年来，李楷努力促进勘探院与油田的联合攻关，学会了站在更高的视角看油田生产问题，精准解决油田生产问题的思路和方法，发挥了勘探院与油田生产紧密结合的桥梁和纽带作用。

倾心系纽带，力促院企联合攻关

2022 年 8 月，李楷带着油田生产中的一系列难题，踌躇满志地从长庆油田油气工艺研究院来到中国石油勘探开发研究院挂职，任采油采气工程研究所副总工程师。这些生产难题中，最让李楷惦念的就是鄂尔多斯盆地套损井预防与治理问题。

多年来，长庆油田侏罗系套管腐蚀问题比较突出，不仅影响油田稳产，而且存在较高的安全环保风险。李楷认为，来到“中国石油最强大脑”的勘探院挂职，是解决这一问题的最好机会。为此，他首先快速无缝融入工作，参与了采油采气重点实验室规划建设、低产液井绿色智能间抽、小修作业自动化电动化等工作。同时，围绕鄂尔多斯盆地套损井预防与治理、侏罗系套管腐蚀机理与防腐对策、新型腐蚀监测技术，李楷积极协调勘探院采油所与长庆井筒治理项目组、油气院进行了 10 余次技术对接，系统梳理长庆油田油水井套损现状，分析现用的防治技术。在攻关镇北和环江的腐蚀问题时，他们发现，主要腐蚀产物为硫化亚铁，机理是硫酸盐还原菌代谢生成 H_2S 腐蚀油管，同时细菌在垢下繁衍，加剧腐蚀穿孔。针对这一发现，他们重点开展 5Cr、13Cr、“5Cr+涂层”套管评价，为长庆方案编制提供了支撑。

为了保障双方后期的持续联合攻关，他们针对前腐蚀监测整体滞后的问题，大力开展油水井腐蚀在线监测、实时分析及智能预警管控技术攻关。同时，加强套损井数据库与 A5 系统对接，由被动防治向主动防控转变，为防腐技术和套损治理的“两化”升级提供支撑。

会当凌绝顶，领略开阔的科研视野

2005 年，李楷从天津大学化工专业一毕业就踏上了长庆油田这片中国石油大开发的热土。他也许没有想到，在参加工作的 18 年间，要完成从压裂、油田化学与防腐到采油的行业跨越。

对于 18 年来的工作经历，李楷是这样总结的：在长庆石油勘探局工程技术研究院，他学到了如何站在服务方的角度去自己动手收集问题、分析问题、研究问题、解决问题；在长庆油田超低渗透油藏研究中心和长庆油田油气工艺技术研究院，他学到了如何站在油公司的角度去做到“地质和工程、科研和生产、经营和管理”三个一体化；在长庆油田页岩油产能建设项目组，他体会到了一线生产单位在产量任务、安全环保责任方面的巨大压力，养成了压力下准军事化的工作作风；而在勘探院挂职锻炼的一年里，他感觉站在了中国石油科研领域的最高峰，学会了用开阔的科研和管理视角来思考长庆油田的生产问题。

到勘探开发研究院采油采气工程研究所挂职之前，李楷一直从事压裂相关工作，对于采油采气只是了解皮毛。挂职后，在学习所里先进技术和兄弟油田典型做法的同时，李楷发现了自己工作思路的狭窄。以前工作视野基本都停留在自己的专业上、一口井一个区块或一套层系上，很少从国家战略、集团规划部署、多专业融合多学科交叉层面去深入思考。在这里，采油采气考虑的不仅仅是单项工艺，还要结合国家“双碳”政策、集团公司“两化”要求、勘探开发一路的“四个革命”，这些都是站在总部油气与新能源工作视角去规划、设计、研发、服务。这些高屋建瓴的工作思路和方法，是他在油田环境中很难学习到的。

在勘探院挂职学习的一年，虽然时间短，李楷的思维方式发生了一次质的飞跃，他突破“闭门造车、坐井观天”的局限，深刻体会到了“高度决定视野，角度改变观念”。在智能间抽技术研究与应用中，他能够站在贯彻国家双碳政策、落实集团数智化转型和绿色低碳发展战略、推动生产方式革命性转变的角度去指导科研攻关，有力地提升了技术的宏观度和先进性。

知其所以然，学到精准严谨解决问题的方法

在勘探院，这里严谨的科学态度让李楷深深地折服。

在油田工作时，李楷遇到的大都是围绕生产的问题，科研工作基本上都是现场应用，更多的是基于工艺问题和工程问题，在科学问题上思考得不够深入，存在应用在前、研究在后的现象。而在勘探院，无论是机理研究，还是形成技术对策，都是首先从科学角度深入分析，找准问题的本质关键，将问题回归到最基础的科学理论，从根源上挖掘解决问题的机理，再从机理中逐步形成工艺、技术和对应的参数条件。整个研究链条理论严谨、数据充分，具有非常强的说服力和先进性。潜移默化中，李楷学到了精准研究解决问题的方法。

今年年初，在如何提升基础研究能力的研讨和采油采气重点实验室的发展规划编制中，李楷和研究团队针对目前存在的理论需求和技术难题，深入挖掘分析，梳理出复杂工况采油气系统基础力学、复杂工况多相流动规律、绿色智能采油气优化与测传控方法、先进工程材料设计原理等 4 项基础理论以及采油气岩石力学与地应力测试分析、不同完井方式近井流入动态模拟、采油气井数据挖掘与数字孪生、采油采气多能互补模拟优化等 10 项实验技术，从基础性、前瞻性两个方面助推科研攻关水平和服务生产能力的提升。

精准的研究方法和严谨的治学态度，来自耳闻目睹的学院氛围和榜样的力

量。李楷发现，勘探院作为中国石油上游产业科研攻关的最高学府，拥有提高采收率国家重点实验室等多个重量级平台，高等级、高水平人才云集，在院内随时可以遇到院士、首席、教授等技术大家。从日常接触中，李楷处处能感受到他们严谨治学的态度和科学家精神，他们胸怀华夏爱党爱国，求真务实勇攀高峰，淡泊名利潜心研究，敢为人先甘为人梯。年轻的科学家们也是奋马扬鞭，李楷常常看到，即使凌晨时分，仍有不少实验室和办公室灯火通明。

有一天，李楷遇到89岁高龄的胡见义院士拎着公文包走进办公室。这一幕让他感慨颇深：胡院士在行动不便的情况下单独出现在院里，足以说明他对事业的热爱。他回想起2021年，95岁高龄的翟光明院士前往昌平参加集团公司科技大会，非常认真地观看每一张技术展板，时不时和讲解人员进行交流讨论。这两位老院士的背影在他内心留下非常深刻的记忆。李楷不禁感叹，院士们尚且如此，我等晚辈生在科研基础更为扎实、科研环境更为优越、科研条件更为便利的时代，岂能游手好闲浪费青春！

肩负着油田人才强企工程的使命，沐浴着勘探院忠诚担当的政治本色、浓厚的科研氛围、严谨的治学态度、无私的育人精神，挂职锻炼让李楷收获满满。他暗下决心，在挂职结束返岗后要将自己的所学所得第一时间应用到鄂尔多斯盆地如火如荼的战场上，并长久发挥勘探院和长庆油田的桥梁纽带作用，促成更多的现场调研和技术研讨，将勘探开发研究院更多的科研智慧应用到长庆油田，以实际行动回报企业培养期望，以实践业绩贡献石油科技进步。

【编后语】挂职锻炼对于李楷而言，意味着在新的单位、新的岗位快速融入环境、迅速发挥作用，及时搭建桥梁，最终达到“有所学、有所思、有所得”的目标。在勘探院锻炼，李楷感受到了更为浓厚的科研氛围和更为严谨的治学态度；学到了更为深入精准地研究解决问题的思路、方法；学到了更为开阔的科研和管理视角……成长、收获令人欣喜，思考、目标令人期待，长庆油田挂职干部李楷一定能在自己的岗位上更有作为。

带着问题来　在更高平台上历练成长

——记中国石油勘探开发研究院挂职干部曹军

挂职感言：立鸿鹄志，守平常心，做力行者，求真学问

2023 年 5 月 21 日，完成《长庆油田中长期稳产上产规划方案》与油田的交流对接，中国石油勘探开发研究院挂职干部曹军从长庆油田回到了北京。在《方案》编制中，他“跳出长庆看长庆”，积极协助勘探院与油田对接资源潜力，研究稳产上产的技术方向，科学论证原油产量中长期规划。

担任中国石油勘探开发研究院油田开发研究所项目负责人 10 个月来，曹军始终以“磨刀石”精神和石油科学家精神为指引，“带着现场的问题来”，积极融入开发所低渗透研究团队，勠力同心探寻破解低渗透油藏中高含水期提质增效难题。他坚持“干中学，学中干”，不仅开阔了视野格局、增长了技能本领、提升了素质修养，还积极发挥挂职干部的桥梁纽带作用，促进了勘探院与长庆油田的深度融合交流协作。

学以增智　开阔视野取“真经”

2022 年 8 月 15 日，怀着对中国石油“皇家学院”的憧憬，曹军来到勘探院油田开发所挂职交流。在这里，他看到油气行业大咖云集，专家学者众多，内心激动，充满期待。

这份期待源于对前辈的敬仰，更来自对油田发展和开发技术难题的牵挂。在长庆油田工作 17 年，曹军从采油队、地质所、研究院一路走来，经历了多个不同的岗位，但始终都围绕着老油田稳产研究工作。参与和见证长庆油田大发展的同时，他也清楚地认识到油田正面临着低/特低渗进入高含水期，致密油/页岩油难以建立有效驱替的开发形势。如何破解低渗透油藏“单井产量低、采油速度低、采收率低”的开发困局，一直都是曹军萦绕于心的难题。他暗暗下定决心，一定要倍加珍惜这次机会，带着现场的问题，虚心请教学习，借助勘探院这个技术大平台、人才大舞台、文化大熔炉，求取油田开发的“真经”。

勘探院油田开发所为曹军量体裁衣，让他加入低渗透油藏研究课题组。导师李保柱所长与他促膝长谈，为他制定交流锻炼方案、明确提升目标、解决生活困难。勘探院“儒雅、厚重、勤勉、求实、创新、包容”的文化内核，“三简”“三宽”的工作环境，让曹军很快融入新的工作团队中。刚来的第 3 天，他就主动请缨，参与到行业标准《油田开发水平分级》的修订完善中。现行标准已发布 27 年，存在评价指标多、指标水平滞后、偏重管理指标、开发效果指标较弱化等问题，难以适应低渗透油藏开发和管理新形势，修订新标准对油藏开发管理意义重大。但不同盆地低渗透油藏地质条件和开发特征差异大，开发评价指标体系庞杂繁多又相互关联，标准的制定既要考虑科学性、适应性，又要考虑可执行性。

为摸清不同盆地低渗透油藏开发特征、把握共性规律，科学制定油藏评价指标及界限，曹军克服长期在油田生产中形成的“偏见”，站在勘探院这个更高的平台，放眼国内低渗透油藏，补短板、增强项，废寝忘食地调研学习松辽、渤海湾、准噶尔等其他盆地低渗透油藏的开发资料，研究开发规律，对比开发评价指标，征求专家意见，最终提出了细分开发方式、细分油藏类型的低渗透油藏开发水平分级评价标准，并顺利通过了专家组的审查。与此同时，曹军对国内外低渗透油藏开发也有了更系统、更全面的了解。

学以明道　皓首穷经释精神

2022 年国庆节，勘探院开发所的 137 办公室里，曹军在专心致志地学习 PETREL RE 软件。同事劝他趁着假期好好游玩下北京，他却说：“我在这里挂职就一年，想请教学习的地方还多着呢，景点以后有的是机会去，这宝贵的学习机会可转瞬即逝啊。”工欲善其事，必先利其器。曹军利用业余时间，钻研油藏数值模拟理论知识，跟着软件视频一遍遍地演练，向刘卓老师一次次请教，终于掌握了精细油藏描述这一认识油藏的利器。

在这里，曹军提升了科研攻关能力，但更大的收获和感受还是勘探院专家们追本溯源、精益求精的石油科学家精神。他听到最多的问题就是“机理是什么？”“第一性原理是什么？”“科学问题是什么？”

在中国石油集团前瞻性基础性课题《低渗透油藏精细水驱优化调控技术研究》中，曹军主要负责低渗透油藏中高含水期微观渗流机理和开发规律研究。按照通常的研究思路，在对长庆、吉林等低渗透典型油藏大量动静态资料的分析研究基础上，课题组基本搞清了不同类型低渗透油藏的递减、含水、压力、见效等变化规律。就在曹军以为完成了课题设计要求的时候，专家们提出了新的问题：开发规律背后的机理是什么？为了回答好这个问题，曹军调研了大量的文献资料，但影响开发规律的因素错综复杂，令他陷入了迷茫。他立即向导师李保柱和郝明强请教。“外因是变化的条件，内因是变化的根据，外因通过内因而起作用。油藏研究也要这样抽丝剥茧，可以先从微观的地质因素出发。”导师的哲学思想让他茅塞顿开。通过对大量岩心资料的分析，数字岩心、数模、物模等手段的刻画，课题组进一步研究明确了储层微观孔喉结构的差异是影响低渗透油藏开发效果的关键本质因素。

当曹军长舒一口气，以为可以圆满完成课题研究任务时，专家们基于研究进展再次提出了新的思考：低渗透油藏开发方式的储层界限是什么？在导师的指导和课题组团队的努力下，曹军进一步深化微观渗流机理认识，初步明确了鄂尔多斯、松辽等盆地低渗透油藏水驱开发的物性下限，但他已不再纠结是否能圆满回答专家们的提问了。石油科学家精神让他明白了科学探索的永无止境，也更加坚信了“路虽远行则将至”。

学以致用　破解难题系纽带

曹军充分发挥桥梁纽带作用，精准搭建对接协作平台、促进科研机构与生产企业的深度融合交流协作，使勘探院和油田在研发需求确定、技术思路明确、现场试验落实、成果推广应用等方面更好地形成合力。

2023 年 4 月初，中国石油股份公司下达了编制《长庆油田中长期稳产上产规划方案》的通知，曹军主动承担起原油产量规划工作。一个月来，他积极协助勘探院与油田沟通对接，较好地发挥了桥梁纽带作用，《方案》得到了油田公司领导的肯定。

2022 年 9 月，中国石油股份公司召开压舱石开题论证会。以靖安长 6、姬塬长 8 为代表的长庆特/超低渗油藏进入中高含水期后，水驱矛盾日趋复杂，进一步改善水驱和提高采收率尚属世界难题，技术方向仍需探索。借鉴东部油田经验，压舱石工程专家组提出了降低油水井数比的注采系统调整技术方向。

曹军却对此持怀疑态度。“首先物性及相渗特征决定了低渗透油藏提液潜力小，另外层系单一、砂体发育较稳定，降低油水井数比后，水驱控制及动用程度提高幅度有限。降低油水井数在经济效益上是否可行?”他向油田开发所王友净、邹存友等专家表达了自己不同的看法。为了论证方案的可行性，曹军和专家团队一起开展动静态资料梳理、油藏动态分析、数值模拟论证、先导试验区优选等工作，并多次赴现场与油田沟通对接，最终论证了方案的合理性、经济性。通过大量细致的工作，勘探院与油田统一了技术思路和方向，编制了五里湾长 6、盘古梁长 6、罗 1 长 8 注采系统调整先导试验区方案，顺利通过了专家组的审查。

【编后语】“跳出长庆看长庆”，这句话诠释了这位来自长庆油田的挂职干部的收获与成长。把基层一线的生产技术难题带到勘探院来，在浓厚的学术氛围中，在专家们的指导与帮助下，曹军勤于钻研、刻苦攻关，在学习中找到解决疑难问题的方法。挂职以来，他的踏实勤奋、谦虚进取、活学活用的可贵品质赢得了勘探院专家们的赞许，他们相信，这位来自中国最大油气田的青年科研工作者一定会把挂职锻炼所学、所思带到生产实践中去，助力长庆油田高质量发展。

| 第四部分 |

科学沃土勇登攀　扎根一线见成效

在生产一线搭建起多方合作的桥梁

杨　帆

2021年中国石油勘探开发研究院（简称“勘探院”）深入贯彻落实人才政策，践行中国石油人才强企工程，推进勘探院人才强院战略，选派多名科研工作者到油田现场挂职锻炼。笔者作为勘探院人才强院工程选派到油田交流的第一人，本文结合在吐哈油田勘探开发研究院挂职交流近两年的感受和体会，谈一下对挂职锻炼和人才强企、人才强院的理解。

一、挂职锻炼是推进人才强企工程、落实人才强院战略的重要抓手

勘探院是中国石油集团油气和新能源板块下的面向全球石油天然气勘探开发的综合性研究机构，是油气勘探开发战略决策参谋部、技术支持与技术服务中心、重大应用基础理论和高新技术研发中心、高层次科技人才培养中心，在支撑上游油气勘探开发高质量发展、重大理论和技术攻关、人才培养等方面作出巨大贡献。然而，近几年随着一大批极富现场实践经验又兼具管理能力的领导和专家逐渐退出岗位，干部新老交替问题日益凸显，培养年轻干部和专家成为十分紧迫的现实任务。油气行业是经验性、实践性极强的行业，当前勘探院中坚力量的科研骨干，大多通过科研项目来了解和熟悉油气田的勘探开发，缺少在油田现场的实际工作经验，对油气田企业科研工作、生产运行、油气勘探开发等全过程了解较少，面对海量的生产资料和基础数据，如何去伪存真地进行甄别、如何科学地使用数据，这些问题将影响研究成果的可信度，制约勘探院科研骨干的进一步成长，威胁勘探院未来在油气行业的影响力，给勘探院保持核心竞争力带来前所未有的挑战。

千秋基业，人才为本。党的十八大以来，为了加快人才的培养，国家出台了一系列政策文件。2016年3月，中共中央印发《关于深化人才发展体制机制改革的意见》，全面发力加快推进人才培养、评价、流动、激励、引进等关键环节改革，为人才发展注入强大动能。2018年2月，中共中央办公厅、国

务院办公厅印发《关于分类推进人才评价机制改革的指导意见》，提高评价的针对性和精准性。2019 年 12 月，中共中央办公厅、国务院办公厅印发《关于促进劳动力和人才社会性流动体制机制改革的意见》，破除妨碍人才流动的障碍和制度藩篱。2023 年 8 月，为了深入贯彻党的二十大精神，落实中央人才工作会议部署，中共中央办公厅、国务院办公厅印发《关于进一步加强青年科技人才培养和使用的若干措施》。

2021 年，中国石油深入贯彻落实中央人才工作会议精神、深入实施新时代人才强国战略，首次以组织人事工作和人才强企工程为主题召开领导干部会议，持续强化人才工作顶层设计，将 2022 年定为“人才强企工程推进年”，特别提出要“推进领导人员交流任职和实践锻炼，推进科研单位与企业青年科技人才双向交流”。作为中国石油上游的“一部三中心”，勘探院坚持技术立院、人才立院，对人才的培养一直不遗余力，勘探院乃至业界许多赫赫有名的专家、领导都曾经在勘探院工作期间到油田现场挂职锻炼。勘探院 60 多年的历史，就是一部人才强院、科技兴院的发展史，李德生、翟光明、戴金星、胡见义、贾承造、赵文智、邹才能等一个个闪耀着光辉的名字，永远载入中国石油发展的史册。他们不断攻克石油勘探开发世界难题，着力培养、引进石油领域世界级顶尖人才，为中国石油高质量发展写下了浓墨重彩的一笔。在新形势下，勘探院进一步推进人才强院专项工程，2020 年、2021 年勘探院的工作报告中，都对人才强院的核心内涵、具体举措做了详细安排，并提出拓展人才成长发展通道，创新人才培养方式，选派一批青年专家到油田交流锻炼。

二、挂职锻炼是加快人才培养的重要途径

挂职锻炼对于年轻干部的全方位培养历练发挥了重要作用。

一是可以加强政治历练。挂职锻炼实际上是一种政治上的考验，越是在条件艰苦、矛盾集中的地方，越能体现年轻干部对党绝对忠诚的政治品质。在吐哈油田挂职，既要把平时的科研生产工作做好，更要扎实做好安全生产工作，强化使命担当，加强政治理论学习，把坚定理想信念、做到对党绝对忠诚作为终身课题，不断提高政治敏锐性和政治鉴别力。

二是可以提高个人修养。挂职锻炼之前，在原单位接触到的人、见识到的事情相对简单，就本人而言，在勘探院时主要面对科研项目，身边都是从事科研工作的同事，而来到油田现场以后，需要与各种企事业单位、高校等单位和部门打交道，因此必须始终保持清廉自守的政治定力，做到“心底无私天地宽，人到无求品自高”。挂职干部不能因为在新的岗位上拥有更多的资源，就

放松了对自己的要求，利用职务为自己谋私利，要严以修身、严以用权、严以律己，挂职一任，造福一方。

三是可以增加现场实践经验。勘探院科研工作者优点在于学历水平高、理论功底强，视野宽、思路广，不足在于缺乏油田现场的实际工作经验。俗话说："涉浅水者见虾，其颇深者察鱼鳖，其尤甚者观入蛟龙。"实践是检验科研成果的最高标准，过去只是通过数据分析、调研来了解油田的生产，研究成果可能出现不接地气，不能有效将理论认识转化为生产实践的情况，使理论成为空中楼阁。到油田挂职可以在一定程度上改变这种局面，站在勘探院的角度明白自己能做什么，站在油田的角度清楚自己需要什么，为双方的深入交流合作提供更多可能，为科学研究提出更明确的需求和方向。对于个人来说，知道自己欠缺什么，需要学习什么，到现场后能够更有针对性、目的性的学习，掌握的知识更融会贯通。

四是可以提高管理能力。笔者在吐哈油田主要负责基础地质研究和风险勘探，最初认为在油田工作和在勘探院相比只是研究对象不同，研究队伍比以前大了，其他没什么不一样。但是通过在油田挂职才发现，带领大家做好科研只是最基本的能力，还要提高项目组团队凝聚力和向心力，激发团队活力；培养好科研带头人、形成稳定的科研团队；做好跨单位、跨部门的协调；做好对上执行与对下管理的有机统一；注意生产安全等，这些问题都是过去自己很少涉及的。把自己放在一个全新环境中进行培养，能够在艰苦环境中磨炼意志、陶冶情操，在经历风雨中增长才干、提高能力，在急难险重岗位提高自己的斗争意识和斗争本领。

三、如何做好挂职工作

（一）提高站位、严格自律，是做好挂职工作的思想基础

挂职锻炼是一次难得的学习机会，它不是镀金、不是享受，而是锻炼、是挑战。挂职不仅代表个人的形象，也代表了勘探院的形象，更是组织的形象，肩负着组织的使命、厚望和期待，必须做到严于律己、以身作则、吃苦在前、加班带头，遇到难啃的骨头亲自上，面对没人愿意做的工作主动干，用最好的形象、最优的成绩回报组织的信任。

挂职也是一个特殊的标签，在这个岗位上工作有比较明确的时间节点，如果不提高站位、不端正思想，就会造成挂职不挂心、人到力不到的情况，让他人觉得挂职干部只是一个"过客"、是"走读生"、是"道具人"。一定要在思想上、行动上完成岗位使命，提醒自己在挂职岗位上工作学习的时间很紧迫，

要珍惜每一分每一秒，多为油田的科研、管理工作做些实事。

（二）主动适应、自觉学习，是做好挂职工作的基本要求

油田是最大的课堂，现场是最好的老师，挂职锻炼是一个难得的学习机会，要多方面、多层次的学习。作为勘探院科研工作者被派到油田一线挂职锻炼，要加强学习勘探部署、生产数据的应用，学习现场工作组织，还要懂得如何组织、协调和与各部门的沟通。

在油田现场做研究、做管理，面对的对象、采用的方法等都与勘探院的科研工作有很大差异，在新的环境、新的岗位上，要主动适应，尽快做好角色转变，全身心投入到新的勘探对象中，与大家一起看资料、做科研、提认识、促生产。特别是面对很多自己不懂的生产方面的资料，要坚持多看、多问、多学、多记、多想，并结合过去的研究经验，将现场的知识转化为知识体系的一部分。

作为挂职干部，既可以以一名旁观者看待吐哈油田的勘探生产，跳出吐哈看吐哈，寻找勘探实践和地质认识有矛盾的地方，这些地方也是研究的突破口；又可以以主人翁身份投入到吐哈油田的勘探科研中，用时不我待、只争朝夕的精神为实现吐哈油田的战略目标而奋斗。

（三）宏观视野、解放思想，是做好挂职工作的专业优势

笔者在勘探院工作学习 11 年，对于科研工作的思路、方法以及整体研究的把控，有比较深刻的体会，对如何开展全盆地的整体性、基础性研究有一定的掌握，这些经历和经验对于吐哈油田而言是非常宝贵的经验。油田的生产研究，往往局限于研究程度比较高的区块，针对局部构造和具体的目标开展研究工作，缺乏对盆地的整体研究和整体认识，对于一些基础性、机理性、超前性的研究重视不够，造成后备勘探领域和储备井位准备不足。

立足勘探院国内外油气勘探开发的宏观视野，通过借鉴其他盆地整体研究和基础研究的经验，在吐哈油田勘探工作中指导大家跳出区带、目标的研究，解放思想，立足全盆地，从更高的层次看问题，更有利于研究工作的开展，也可以为吐哈油田培养出一批具有宏观战略视角的科研人员。

（四）架起桥梁、多方结合，是做好挂职工作的更高要求

勘探院与吐哈油田有极其深厚的历史积淀，早在 1986 年勘探院承担石油工业部科学探索井重大科技工程项目时，就把第一口科学探索井台参 1 井定在了吐哈盆地。1989 年，台参 1 井在侏罗系获得工业油流，发现鄯善整装背斜油田，成为当年石油系统十大发现之一。1991 年，勘探院和吐哈油田等单位在吐哈盆地会战，在鄯善弧形带及周边相继发现 14 个油气田和 6 个工业性含油气构造，吐哈油田不断发展壮大，并发展完善了煤系生烃理论、编制了多个油田的开发方案，为多年后油气的勘探突破和油田的快速建产奠定了基础。

来到这片勘探开发历史厚重的热土，要在前人的基础上，借着挂职锻炼契机，搭建起勘探院与吐哈油田进一步合作、发展的桥梁，形成“挂职一点、搞活一线、带动一片”的良性发展格局，形成“人走事成可持续”的长效机制，要切实在各个领域发挥双方优势，持续在多个领域开展多种形式的合作。

四、小结

在油田现场挂职锻炼使我学有所获、思有所得、践有所为、悟有所进。挂职是学习的加油站，挂职是成长的磨刀石，挂职是人生的风景线，挂职是未来的新起点。挂职打开了一扇窗，让我看到了与勘探院不同的场景、接触了不同的人，在以后的日子，我会始终不忘初心、牢记使命，努力在新的跑道上奋力前行！

参考文献：

[1] 中共中央党史和文献研究院：《十九大以来重要文献选编》（上册），中央文献出版社2019年版。

[2] 翟光明：《西部石油开发往事》，《能源》2014年第8期。

[3] 翟光明、胡见义、赵文智、邹才能：《科学探索井历程、成效及意义——纪念科学探索井项目实践30周年》，《石油勘探与开发》2016年第2期。

在生产实践中淬炼锻造一流科技领军人才

曹正林

作为中国石油人才强企战略策源地，中国石油勘探开发研究院（简称勘探院）全面实施人才强院“六大专项工程”，打通与油田企业和海外地区公司人才双向交流通道，选派一批优秀技术干部到油气田现场挂职锻炼，全力构建人才发展“雁阵格局”，探索一流科技领军人才成长有效途径。笔者有幸作为这批选派干部之一，被派到西南气田勘探开发研究院挂职担任常务副院长，全面负责致密油气领域勘探开发井位、储量、方案研究，围绕致密气勘探开发理论技术难题持续攻关，在西南油气田增储上产的现场用汗水和智慧诠释当代石油科学家精神。

一、挂职锻炼是推进人才强企工程、人才强院战略的重要举措

（一）挂职锻炼是中国石油推进人才强企工程的具体措施

在新时代背景下，以何种培养方式充分调动人才科技创新活力，释放科技创新的驱动力，进一步适应高质量发展需要，成为中国石油等能源企业迫切需要解决的核心问题。通过人才培养机制改革充分激发各类人才的创新创造动能，提高全要素生产率，增强持续发展内生动力，对于保障国家能源安全，切实践行“能源的饭碗必须端在自己手里”的要求具有重大意义。

2021 年 10 月，中国石油集团董事长戴厚良在谈到推进人才强企工程时指出：“要发扬石油工业‘三个面向、五到现场’优良传统，着力提升领导干部能力素质，锻造政治坚强、本领高强、意志顽强的高素质专业化干部队伍，为集团公司建设基业长青的世界一流企业提供坚强保障”。

在人才强企工程推进过程中，中国石油强化人才培养平台，坚持选育并重，围绕领导人员能力素质提升、科技领军人才培养拓宽引进交流平台，突出优势互补，突出人尽其才、才尽其用原则，持续加大人才交流、流动配置、技术共享工作力度，推进领导人员交流任职和实践锻炼，不断优化内部人才结

构，优化人才资源配置效率持续打造公司战略人才力量。

挂职锻炼是人才强企工作的重要抓手。通过挂职锻炼加强企业内部人才交流，整体提升领导干部能力素质和解决复杂问题的本领，对于打造政治坚强、本领高强、意志顽强的“三强”干部队伍和培养一流创新型科技领军人才具有重要意义。

（二）挂职锻炼是直属院所推进人才强院战略的有效手段

直属科研院所是中国石油科技创新的策源地，也是公司科技创新的主体，肩负高端智库与决策支持、基础理论技术创新和重大领域生产技术支撑等艰巨任务。直属科研院所科技人才往往具有理论功底扎实、学术水平高、国内外现状熟悉、创新能力强等优势，但也具有长期不在生产一线，与生产实践结合不够紧密，把握生产问题不及时、不准确等现实问题。

如何让直属科研院所与油气田生产企业更加紧密结合，实现科技创新和生产实践无缝衔接，大力提升公司创新能力，推动公司高质量发展，是值得思考的重要课题。选派直属院所优秀科技干部到油气田企业挂职锻炼，发挥理论技术优势，破解生产中的难题，实现科学研究与生产实践深度互动，是解决科研与生产实践结合不紧密问题的重要手段。因此，选派直属科研院所技术干部到油气田生产企业挂职锻炼，一方面为油气田企业带来新理论、新思路、新方法，注入新活力，对于促进油气田生产企业理论技术创新，创新能力提升和高质量发展具有重要意义；另一方面，直属科研院所技术干部深入油气田企业生产一线，参与油气勘探开发生产全业务链，可以补齐知识缺陷和短板，考虑问题更全面更系统，把握问题更准确，更加有的放矢，有效提升自身的找油找气能力和科技创新能力。因此，挂职锻炼对于促进直属院所人才成长，培养创新型领军人才，打造一流研究院所具有重要意义。

二、挂职锻炼有利于促进油气田企业重大理论技术创新和人才创新能力提升

2021 年 12 月，为加强四川盆地致密气勘探开发理论技术攻关，发挥企业技术专家理论技术优势和丰富的油气勘探开发研究经验，勘探院党委选派笔者到西南油气田勘探开发研究院挂职常务副院长，全面负责致密油气领域井位、储量和方案研究业务。上任伊始就奔赴科研生产一线，带领研究团队锚定致密气勘探开发理论技术难题持续攻关，在沙溪庙组源储分离型致密气和须家河组源储一体型致密气领域理论技术方面取得创新性成果，促使致密气领域实现规模增储、快速高效上产，为西南油气田 2022 年油气当量突破 3000 万吨作出重要贡献。

（一）紧密结合生产，围绕勘探开发理论技术难题大胆创新，促使勘探开发取得重大突破

四川盆地致密气以须家河组煤系烃源岩为气源，形成了两大天然气勘探开发领域。一是以侏罗系沙溪庙组为主的源储分离型中浅层致密气，二是以须家河组为主的自生自储、源储一体型中深层致密气。两套致密气成藏体系形成条件不同，面临问题各异，勘探开发生产中存在的理论技术难题也不相同。沙溪庙组储集体为纵横交错的条带状河道砂体，砂带窄、延伸远，窄条带致密河道砂岩天然气如何聚集？能否规模成藏？富集区在哪里？这些问题急需从理论认识上取得突破。须家河组储集体为厚层块状三角洲前缘分流河道、河口坝砂体，厚度大、面积广、低渗致密，但具有“厚砂薄储、甜点局限”的特点，储层甜点形成机制与分布规律，致密气富集机制与富集区不清楚，亟待开展理论技术攻关。锚定上述难题，紧密结合生产开展攻关，取得创新性成果和突破性进展。

1. 构建地质新模式，指导侏罗系中浅层窄河道致密砂岩气规模增储上产

（1）建立大型浅水三角洲—河流沉积新模式，解决窄河道砂岩规模成储的难题

沙溪庙组气藏储集体为一条一条的河道砂体，单条河道砂体很难形成规模储集体。通过岩心观察、精细地层对比和沉积微相研究，发现侏罗系河道砂岩发育于干湿交互沉积环境，潮湿期发育三角洲沉积，干旱期发育河流沉积，但有一个奇特的现象，无论是三角洲或河流环境，主要发育河道砂体呈条带状分布，很少见到河口坝砂体。进一步研究发现，正是由于这种干湿交替的沉积环境导致湖广水浅，三角洲前缘分支河道砂体频繁迁移改道，河口坝微相难以保存。因此提出侏罗系沙溪庙组潮湿期为一种大型浅水三角洲沉积体系，主要发育三角洲前缘分流河道砂体，不发育河口坝；干旱期主要发育河流相，发育多期次河道砂体。纵向上多期河道砂体垂向叠加，可以形成规模储集体。研究表明，整个沙溪庙组纵向上发育了 23 期河道，平面上交错分布，垂向多期叠加，砂体面积达 5.2 万平方千米。多期河道砂体垂向叠加形成了大面积、集群式、连片分布的砂岩储集体，为天然气规模聚集创造了良好储集条件。

（2）构建多期河道砂岩集群式立体成藏新模式，破解窄条带砂体规模成藏的难题

一般情况下，单个河道砂岩砂带窄、储集单元小，气藏规模有限，天然气在窄河道砂岩中如何规模聚集成藏？面对上述问题，笔者主动将“十三五”期间负责完成的《大中型岩性地层油气藏富集规律与关键技术研究》重大科技专

项成果《远源、次生高效油气藏群成藏理论认识、关键技术及应用》应用到侏罗系致密气成藏研究中，发现沙溪庙组河道砂岩致密气藏可能是一种源储分离型致密气，需要加强立体疏导体系和断—砂动态耦合研究。因此在天府气区沙一段气藏描述研究中，加强了断层精细解释和三维砂体立体刻画，并对气源断裂和断砂配置进行了精细研究。研究表明，大型气源断裂与河道砂岩交切，深部须家河组烃源岩生成的天然气通过断裂体系运移到沙溪庙组河道砂岩中，顺河道砂岩横向调整或次级断裂纵向运移，最终在不同期次的河道砂岩中聚集成藏。基于精细气藏描述结果，构建了“双源供烃、断裂输导、断砂配置、差异富集”窄河道砂体集群式立体成藏新模式，即多级断裂输导体系、多期次油气充注，使天然气在多期次河道砂体中聚集，纵向多期叠加、横向连片分布，多层系立体成藏、规模聚集。充分利用上述成藏新模式，指导川中致密气核心建产区部署预探井 21 口、评价井 16 口和开发井 38 口，探井成功率达到 90%以上，开发井成功率 100%，沙溪庙组致密气“平面拓区、纵向拓层”获得巨大成功，形成 5000 亿立方米储量规模，整体探明千亿方级的天府气田，是 2022 年全国新发现的 6 个大型气田之一。截至 2022 年，天府气田新建产能 25 亿立方米，新增产量 12.2 亿立方米，占西南油气田 2022 年新增产量的 40%以上，有力支撑西南油气田产量突破 3000 万吨大关。

2. 提出须家河组成藏新认识，指导老层系实现新突破，发现规模增储新领域

受烃源条件和源储配置制约，四川盆地前陆隆起带须家河组天然气充注能力弱，含气饱和度低，气水层交互，早期发现合川、安岳等大型致密气田难以实现有效动用和效益开发，制约着须家河组致密气的勘探。逼近生烃凹陷，能否找到富集程度相对高的致密气藏，一直是众多勘探家长期思考的问题。通过烃源岩条件、源储配置和老井复查、气水分布等分析，发现位于前缘隆起带之下的前陆盆地下斜坡区，距离生烃中心更近，烃源条件更好，压力系数更高，天然气充注强度大，具有“弱改造、强充注、高富气”的特点。因此，提出逼近生烃凹陷下斜坡区有可能形成源储一体、紧邻型规模致密气藏新观点。在该认识的指导下，构建了下斜坡区源储一体致密气成藏新模式，指导实施的探井在须家河组致密气获得勘探新突破，新增预测储量近 2000 亿立方米，形成了盆地致密气规模增储新领域。

（二）深入一线实践，围绕科技创新和人才能力提升，探索创新型人才培养新途径

选派直属科研院所优秀技术干部到油气田企业挂职锻炼，一方面，挂职干部可以将所掌握的新理论新技术推广应用于油气田生产实践，同时通过新理论

新技术的应用发现原有理论技术中存在的不足，从而促进理论技术迭代升级，另一方面，挂职干部通过理论与实践紧密结合，可以更加精准地把握勘探生产面临的关键问题，直接将问题反馈到集团公司所设立的专项课题中开展攻关研究，及时解决油气田企业生产面临的急难重问题，有力推动和促进油气田企业的科技创新。

通过一年多的挂职锻炼实践，笔者系统梳理了四川盆地致密气勘探开发研究成果，发现原来关于四川盆地须家河组致密气成藏理论在认识上存在诸多不足。一是未将四川盆地陆相致密气纳入统一含油气系统考虑。早期受认识程度和资料条件制约，只重视了须家河组源外隆起带和冲断带致密气的勘探，未重视生烃凹陷内源储一体致密气的勘探，且未认识到沙溪庙组源储分离型致密气的新类型。二是对于须家河组致密砂岩气藏甜点的形成，未深入考虑超压对储层、成藏的控制作用。因此，在“十四五”分公司重大科技专项《四川盆地中西部地区致密气勘探开发理论及关键技术研究》中及时调整技术路线，将沙溪庙组和须家河组致密气纳入一个统一含油气系统，分源储一体和源储分离两种类型开展理论技术攻关，并在承担的集团公司“十四五”前瞻性课题《四川盆地深层碎屑岩及火山岩天然气富集主控因素研究》中增设“四川盆地深层碎屑岩成藏机理与富集高产控制因素研究”专题，针对超压控储、控藏机理开展专题攻关。通过挂职锻炼，更加精准地把握了勘探开发中面临的关键问题，并及时地将上述问题纳入重大专项科技攻关中，研究方向更加贴合勘探生产实际，有力推动四川盆地致密气勘探开发取得更大的成果，有力发展完善我国陆相致密气勘探开发理论技术。

直属科研院所科技干部通过挂职锻炼，一方面能有效促进石油行业核心理论技术螺旋式递进发展，完成新理论新技术从理论→实践→理论→再实践的循环升级迭代；另一方面在理论技术提升过程中，挂职干部的思想品质、系统思维和创新能力均得到有效提升。选派优秀技术干部深入油气田企业现场挂职锻炼，即是传承和践行了石油科学家精神，同时也促使技术干部自身理论技术水平、创新能力的大幅提升。因此，充分发扬石油工业“三个面向、五到现场”的优良传统，选派直属科研院所技术干部到油气田企业交流挂职锻炼，可以为集团公司创新型人才培养探索一条新路。挂职锻炼可以更好地传承老一辈石油科学家的精神，培养出真正理论与实践相结合的石油科学家。挂职锻炼后的技术干部回到科研单位，能够更加精准把握石油行业、领域存在的重大科学问题，问题导向、系统思维能力更加突出，对于直属院所创新能力整体提升和一流研究院建设具有重要意义。

三、挂职锻炼必将助力一流研究院建设

（一）挂职锻炼厚植人才培养根基

勘探院2022年工作会议暨职代会指出，要坚定不移把抓好人才强院作为根本大计，聚焦研发服务需求，认真做好人力资源盘点分析和培养开发，进一步打通与油田企业和海外地区公司人才双向交流通道。中国石油涉及专业领域广泛，上中下游板块业务不尽相同，人才队伍特点存在差异，但人才成长的规律大体上是相通的，人才培养模式也可相融互通。挂职锻炼是勘探院人才强院战略的重要举措，勘探院人才培养计划突出创新导向，强化人才选拔管理，聚焦地质勘探、油气田开发、油气井工程、石油炼制、石油化工、物探、测井等重点专业领域和新能源、新材料、新一代信息技术等战略新兴领域，合理设置“培养人选”专业领域分布。强化“培养人选”动态调整，形成“培养计划”后备人选库，并持续跟踪掌握“培养人选”情况。

勘探院开展人才双向交流锻炼能厚植人才培养根基，锤炼挂职干部海纳百川的胸怀格局。挂职干部的自身修养在理论与实践的结合中得到完善和升华，无论从学术研究、科研生产实践还是企业管理方面，都能有所见、有所闻、有所思、有所提升，能够更加清晰地认识到实施人才强企战略是集团公司深入贯彻中央人才工作会议精神、实施新时代人才强国战略的政治自觉；是有效应对国际竞争格局深刻调整、把握新一轮科技革命和产业变革机遇的必然选择；是健全完善集团公司战略体系、推动战略目标实现的坚强保障。通过挂职锻炼，让挂职干部更加清晰深刻地认识到，自身需要掌握的本领还很多，实际工作中要真抓实干，务实功、出实招、求实效。

（二）挂职锻炼有助于一流科技领军人才培养

中国石油始终以国家战略需求为导向，坚持把科技创新作为第一战略，进一步健全完善科技创新体制机制，加快培育一流创新人才队伍。石油科学是一门实践性很强的科学，知名院士、战略级的石油科学家均是从勘探开发实践中走出来的。搞油气勘探开发的科技人才必须到生产一线，接受重大发现、重大方案的洗礼，才能深刻理解石油科学的内涵，增强科技创新的使命感和责任感。挂职锻炼一方面促使科技人才到生产实践中去淬炼洗礼，实现从地质家向勘探家的转变；另一方面促使科技人才找油找气不再只停留在书本上、脑海中，而是在井位研究、井位部署、井工程实施的全过程，同时促使科技人才补齐知识缺陷和短板，考虑问题更全面更系统，把握问题更准确，更加有的放矢。总之，挂职锻炼有助于直属科研院所培养思想素质高、创新能力强的一流

科技领军人才，培养新一代的石油科学家。

四、小结

勘探院要坚持通过挂职锻炼等重大举措，深入推进人才强企工程，着力提升领导干部能力素质，努力锻造政治坚强、本领高强、意志顽强的高素质专业化干部队伍，在油气勘探开发生产实践中淬炼锻造一流石油科技领军人才。要坚持把优秀人才集聚到集团公司推进高质量发展的进程中来，让人才的创造活力竞相迸发、聪明才智充分涌流，不断开创人才工作新局面，助力世界一流研究院建设，同时为使集团公司建设成为基业长青的世界一流企业提供坚强的人力资源保障！

参考文献：

[1] 习近平：《深入实施新时代人才强国战略　加快建设世界重要人才中心和创新高地》，《求是》2021 年第 24 期。

[2]《深入推进人才强企工程，戴厚良在培训班开班式上提出了哪些要求?》，《中国石油报》2021 年 10 月 9 日。

[3] 戴厚良：《以“五个坚定不移”保障国家能源安全》，《人民日报》2022 年 12 月 2 日第 9 版。

扎根基层，科研、生产并驾齐驱

徐兆辉

挂职锻炼一直是我们党培养干部的一项有效举措。将优秀干部下派至基层单位挂职锻炼，不但为基层单位注入活力，为企业发展献智献策，对挂职干部自身而言也是一次积累实践经验、提高综合素质的极好机会。作为一次难得的成长经历，挂职锻炼理应成为挂职干部人生中宝贵的精神财富。新形势下，挂职干部应该把“挂职”当“任职”，责无旁贷、竭尽所能助推油田企业高质量发展。

一、挂职交流对于实施人才强国战略，推动人才强企和人才强院具有重要意义

（一）集团公司大力推进人才强企工程

2021 年 8 月 19 日，董事长戴厚良在集团公司院士座谈会上强调，要深入学习贯彻习近平总书记系列重要讲话精神，加快推进科技自立自强，发挥科技领军人才作用。面对世界百年未有之大变局，要以辩证思维看待新发展阶段的新机遇和新挑战，必须不断加强战略研究，在危机中育新机、于变局中开新局。

在加强人才管理与培养方面，要以战略思维推进人才强企工程和科技自立自强。立足长远、系统谋划、综合施策，按照工程管理的方式方法推进人才强企各项举措落地落实，为石油事业发展提供过硬人才保障。2023 年 3 月 28 日，中国石油国家卓越工程师学院成立，这是集团公司贯彻落实党的二十大关于教育、科技、人才工作统筹部署的重大举措，是人才强企工程的具体体现。坚持事业发展、科技先行，大力实施创新战略，提升承接重大科技项目能力，加快科技成果转化应用，完善创新体制机制，充分调动企业创新积极性，持续加大科技投入，积极营造尊重知识、尊重人才的良好氛围。深化科技开放合作，加快数字化转型和智能化发展，努力实现集团公司高水平科技自立自强。

围绕人才强企，集团公司采取一系列措施，大力推进相关进程。着力深化分配制度改革，深化人才发展的体制机制改革，建立完善“生聚理用”人才发展机制。构建突出价值导向，市场化、多元化的考核分配机制，实行人工成本与投入产出效率指标挂钩联动，建立员工收入与企业效益、劳动生产率挂钩联动的增长机制。制定集团公司的中、长期激励实施意见，探索更加灵活的激励方式。

进一步完善企业领导班子的调整配备力度，持续优化班子年龄和专业，增强班子整体功能。分类培养企业领导人接替人选，分级制订实施继任者，加强在基层一线、艰苦环境、急难险重任务中识别发现优秀年轻干部，推进干部交流任职、实践锻炼。落实国企改革三年行动方案，稳步推进领导人员任期制、契约化管理。

以工程思维推进工程的落实，聚焦“十大人才专项工程”和“生聚理用”人才发展等机制，强化任务分解，明确时间和进度、工作的目标、责任的主体，严格控制保证工程高品质。积极探索建立人才强企的工程督导机制，及时跟踪监测工程的目标、政策与措施，以及重点任务的进展。统筹推进人才队伍建设，组织实施“石油科学家”“石油名匠”培育计划、“青年科技英才”培养工程。同时，对专业技术人才、国际化人才进行培训以提升其能力。

集团公司提出，要围绕专家打造稳定技术团队，要突出重点领域项目，组建的创新团队要具备跨系统、跨单位、跨专业的“三跨”特征。要强化后备接续力量的培养，深入推进“国际化新千人培育计划”“青年科技英才培养工程”“石油金蓝领育才行动”。2021 年 9 月 18 日，集团公司党组印发《关于做好集团公司首批年轻干部挂职交流培养锻炼有关工作的通知》，积极贯彻《关于大力发现培养选拔优秀年轻干部实施方案》，推动年轻干部跨单位、跨领域、跨专业交流锻炼，这是集团公司大力推进人才强企工程的有益实践，意义深远。

（二）勘探院积极践行人才强院工程

勘探院积极贯彻党中央和集团公司有关人才政策，积极践行人才强院工程。时任马新华院长在 2022 年工作会议上指出，勘探院要牢固树立“人才是第一资源”的理念，坚持人才强院之路，以高效组织体系和高素质人才队伍赋能世界一流研究院建设。具体包括以下五个方面。

一是加强统筹谋划和顶层设计，成立人才强院工作领导小组，全面推进组织体系优化提升、石油科学家锻造、创新团队汇智、领导干部培养选拔、超前紧缺与国际化人才集聚、考核分配机制深化改革“六大专项工程”。二是加速石油科学家、国际化人才和青年英才培育，扎实做好优势岗位和权威专家遴选，积极推进集团公司高层级专业技术岗位专家申报，开展首批青年骨干赋能培训，加强研究生教育与集团公司高层次技术培训。三是拓宽人才发展通道，完善“双序列”职级体系，加强有序接替和刚性考核，畅通技术与管理岗位双向转换通道，大力推进双向交流挂职。四是推进国家引才引智示范基地建设，制定人才引进管理办法，精准引进人才，弥补关键核心技术攻关人才短板。五是推进干部队伍年轻化，建立处级领导干部提前两至三年退岗机制，加强年轻干部培养和选拔，提升干部队伍活力。

人才是强企之基，企业竞争归根结底是人才的竞争，谁拥有人才，谁就拥有未来。要聚焦研发服务需求，强化重点学科以及高端人才、创新团队建设投入，抓好学科体系建设的顶层设计和分类推进，加快组建跨院区、跨专业、跨科研所“三跨”创新团队，持续打造优势学科集群和人才聚集高地。认真做好人力资源盘点分析和培养开发，提速国际化人才和青年英才成长步伐，进一步打通与油田企业和海外地区公司人才双向交流通道，全力构建人才发展雁阵格局。要加快培育人才竞争优势，持续营造矢志创新、人才辈出的良好环境，最大限度地激发人才队伍活力，让优秀人才扎根勘探院实现梦想。

二、挂职干部将理论技术引入现场指导生产，用生产实践经验促进理论技术发展完善

（一）挂职干部在生产一线发挥理论技术指导作用

挂职干部是勘探院和油田之间的桥梁和纽带。一方面，挂职干部长期在勘探院工作，熟悉勘探院的理论技术优势，可以通过挂职油田将勘探院的理论、方法和技术因地制宜地应用到油田现场以支撑油气勘探生产；另一方面，挂职干部在承担现场生产任务时，可以了解和梳理油田面临的生产难题，浓缩提炼上升为科学问题，反馈给勘探院相关科研团队开展针对性研究，提升勘探院科研攻关的针对性与实效性，并能及时反馈给生产现场实施，促进产研转化效率，提高科研促生产的实效。这种科研与生产之间双向促进、相辅相成的良好做法，对于集团公司而言是理顺内部、提升效能的有益尝试。

1. 地震沉积学助推英雄岭页岩油沉积环境和甜点评价

柴达木盆地英雄岭页岩油构造演化先凹后隆，页岩层系厚度大、地层压力高、产层地层能量足、单井产量大，是页岩油勘探开发的重点领域。但是由于地表、地下复杂，地震资料品质不高，造成沉积微相难落实、甜点评价不准确，严重制约了高效勘探开发，特别是水平井部署过程中，亟须甜点准确预测，指导靶点选择和井轨迹导向。

针对这种情况，在青海油田研究院挂职期间，笔者利用2015年至2017年在UT－Austin访学期间负责国际合作中所形成的地震沉积学方法，利用常规三维地震资料和少数钻井开展探索实践。统筹勘探院柴达木盆地研究中心与油田研究院科研人员，成功恢复了沉积微相，识别出异重流沉积体，与实钻井高度吻合。同时，利用地震岩性学和少数钻井进行井震拟合，定量预测了TOC、孔隙度、饱和度等关键地质参数分布。定性和定量研究结果，为英雄岭地区沉积环境恢复和甜点三维空间分布预测提供了支撑。随着地震资料品质迭代升级、钻井资料丰富完善，预测精度必将大幅提升，页岩油勘探开发和钻探效果将稳步改善。

2. 开创横波地震地貌学新领域识别三湖河道响应

柴达木盆地三湖地区生物气是全球知名、独具特色的天然气类型，也是青海油田天然气生产的主力军。然而，历经数十年的开发，气藏含水率逐年攀升，油田面临扩大勘探规模、稳产增储的难题。笔者在参加一次风险井位内部论证会上了解到，东方地球物理公司的科技人员在斜坡区发现了类似河道的模糊地震响应。对于这一特殊沉积体，不同专家各抒己见、认识不一。针对这一难题，笔者积极沟通组织油田、勘探院和东方地球物理公司的科研人员进行讨论，利用地震沉积学特色技术开展研究。

研究结果验证了孤立河道响应，识别出了分枝河道、河道间等典型的河流沉积特征，展现了完整的平面沉积相序，并揭示了沉积环境的垂向演化。同时，利用地震岩性学完成了三湖地区生物气的关键地质参数的定量计算，指出该区中－深层的K9至K13具有岩性气藏勘探的有利条件。这些研究成果不但解决了油田现场面临的生产难题，还开创了基于横波三维地震开展地震沉积学研究的先河，开辟了中深层岩性气藏勘探新领域。

3. 地震沉积学在南八仙地区成功识别走滑断裂和古地貌

柴达木盆地南八仙地区地表条件有利，是盆地地震资料品质最好的地区之一。该区古－新近系发育大型河流三角洲体系，紧邻伊北生烃洼陷，油气成藏条件优越。但是长期以来，该区油气勘探有点无面，无法实施高效勘探。

挂职期间，笔者与现场专家深入讨论交流，进一步细化地震解释，深入挖掘地震资料中的地质信息。在精细恢复侏罗系沉积前古地貌的基础上，首次精细识别刻画了典型雁列式分布的走滑断裂。结合对已知井的对比分析，总结出“古地貌控沉积、沟谷体系控砂体、不整合面和走滑断裂控油气运移”的地质认识。通过与塔里木盆地走滑断裂体系的类比，认为该区油气成藏条件有利、勘探潜力巨大，理出基岩和坡折带砂体岩性两大有利勘探领域，相关成果参加物探技术研讨会得到认可，有望利用新技术救活南八仙地区老区勘探。

4. 新资料加老井在冷湖识别多河型拉开柴北缘岩性勘探序幕

柴达木盆地油气勘探面临从构造向岩性的战略转变，但是受限于资料品质和技术手段，始终没有找到突破口。2023 年 2 月初，在第一时间拿到新处理的冷湖三维后，笔者与青海油田研究院王永生副院长一起讨论发现了地震剖面上的亮点反射。结合四川、塔里木和准噶尔等盆地的勘探经验，这应该是典型的河道特征。经过 2 天的智能追踪，初步获取了反应不同河型的 RGB 融合切片，证实了河流相的沉积特征，同时发现这套河流体系与前人物源体系垂直，是基础认识的创新。

为了夯实基础地质新认识，尽快实现基础地质研究向风险勘探新领域的转化，联合勘探院柴达木盆地研究中心、青海油田和东方物探，分工协作提出岩性勘探新领域。建议部署的风险探井诺探 1 井获批上钻，取芯证实地震预测河道真实可靠，在勘探新区新领域的沉积储层方面取得多项创新认识。延伸了地震沉积学应用范围，拓展了柴北缘油气勘探领域，指导了油田现场生产实践。

通过一年多的挂职锻炼，笔者积极与油田及其他协作单位的专家沟通，大力推广勘探院理论认识和特色技术，起到良好效果。在实践过程中，我发现先前的研究需要串联多种商业软件的不同模块，工作流程复杂、效率不高。正值中国石油自主软件 GeoEast 在油田进行培训，我与地物中心牛全兵一起边学边干，摸索出了一套成熟的工作流程，在 GeoEast 软件平台上基本实现地震沉积学全过程研究。这一举措，不但解决了油田面临的生产难题，同时帮助一线科研人员掌握了地震沉积学技术，起到了互利共赢的效果。

（二）生产实践对油气勘探开发理论和技术攻关方向的完善

在挂职锻炼期间，我深刻感受到现场面临的实际问题错综复杂，而科研往往是将复杂的问题简单化，在假定某些边界条件不变的前提下，研究主控因素。但是实际问题往往是系统关联的，通常被假定不变的条件如果发生变化，就会带来新的问题。因此，有些科研攻关方向往往不够全面或者对应性不强，需要不断总结新的生产问题，针对性调整研究思路和方向，这恰好体现了挂职干部深入一线的重要作用。

每个盆地的大地构造背景和石油地质条件都各具特色，决定了油气勘探所面临的问题各不相同。柴达木盆地与笔者之前研究过的四川盆地、塔里木盆地和准噶尔盆地都不一样，这就决定了柴达木盆地应采取的研究思路、技术手段和管理方法都要有针对性，科研攻关重点要因地制宜。

1. 及时跟进泥岩生物气测井难题，促进科研攻关聚焦难点

勘探院测井所承担柴达木盆地三湖泥岩生物气的股份攻关项目，立项关键阶段及时梳理生产难点，聚焦攻关方向，至关重要。了解这一现状之后，笔者立即协调勘探院测井所与油田测井所召开技术研讨会，明确生产难题，梳理科研攻关技术方向，保障了开题论证及时、圆满完成。

在参与双方讨论的过程中，发现双方在基础理论、现场应用方面具有很好的互补性。因此，建议勘探院与油田一起联合攻关，勘探院测井所向油田提供测井软件 CIFLog 的安装、培训和技术支持。这样既有助于促进理论技术进步，也能保障科研进展及时应用于服务现场。

2. 总结狮新 58 井区生产特征和难题，将物探攻关引导聚焦成像处理

青海油田狮新 58 井区深层发现了高压、高产工业油气藏，初步表现出缝洞型油气藏特征。但是随着试产测试，产量和地层压力相对稳定，又不像是缝洞型油气藏。受限于地震资料品质，具体的成藏机理、储层分布规律等都不明确，严重制约了甩开勘探和高效开发。

我通过与油田科研人员沟通，明确了地震成像是解决问题的金钥匙。勘探院物探所承担的股份公司攻关项目中的一项重要内容就是针对该区的地震资料处理，该技术也是物探所的传统优势技术。经过与物探所沟通，将现场的生产问题反馈给相关研究人员和专家，进一步明确了成像处理攻关方向，结合柴达木盆地研究中心的地质解释工作，联合开展处理解释一体化研究，共同攻关解决该地区面临的生产难题。

三、小结

一年多来，我深刻体会到挂职锻炼是实施人才强国战略和人才强企、人才强院的重要举措。在世界海拔最高油气田挂职锻炼期间，我通过积极工作，努力实践，理论联系实际，不但熟悉了油田生产流程、提升了自身修养，增强了干事创业的本领、锻炼了意志品质，沟通协调和组织能力也有所进步。今后我将持续努力为青海油田建成千万吨规模能源新高地、勘探院建成世界一流研究院、中石油建成世界一流企业增砖添瓦，为保障国家能源安全贡献绵薄之力。

补短板　强优势　敢作为

挂职挂出真才实学

王铜山

千秋基业，人才为本。党的十八大以来，以习近平同志为核心的党中央始终将人才作为第一资源，对人才工作作出了一系列重要部署。如何加快人才成长，激发人才潜能，是当前企业发展面临的重要命题。中国石油天然气集团有限公司（以下简称集团公司）于2021年研究部署了人才强企工程，推进实施《人才强企工程行动方案》。2022年，集团公司正式启动“人才强企工程推进年”，扎实推进人才强企工程落地实施。

中国石油勘探开发研究院（以下简称勘探院）是集团公司的“一部三中心”，肩负着培养高层次石油人才的重要使命。2021年，勘探院正式将人才强院确立为四大发展战略之一。2022年，围绕人才强院战略启动了“六大专项工程”，其中一个重要举措就是打通与油田企业和海外地区公司人才双向交流渠道，推荐优秀科研人才到油田一线挂职锻炼，受锻炼、长才干，全力构建科技人才发展的雁阵格局。如此有谋划、有部署、有步骤地安排挂职锻炼，不仅是践行勘探院人才强院战略的亮点做法，更是贯彻落实党中央关于人才工作的决策部署，推动集团公司人才强企工程落地实施的重要举措。

本文结合笔者挂职锻炼的实践，分享挂职锻炼过程中适应新环境、履职新岗位、领会新要求、融入新团队、熟悉新业务的心路历程，思考挂职干部如何在生产一线发挥引领指导作用、生产实践如何反哺理论技术研发，探索促进地质地球物理融合、构建生产技术谱系、升级打造数字化管理平台的实施路径，提出对挂职锻炼工作的思考和建议，以期对集团公司和勘探院的人才工作有所裨益。

一、挂职锻炼的实践与成效

干部挂职锻炼是党管干部的制度体现，是优秀人才和干部培养的重要途径，在提高干部综合素质、推进干部治理能力现代化方面发挥了重要作用。

2022 年 2 月，笔者到中国石油西南油气田致密油气勘探开发项目部挂职锻炼，担任党总支委员、常务副经理，分管勘探、科技、储量、矿权等工作。履职以来，积极开展业务部门和现场工作调研，熟悉新业务、领会新要求，努力实现角色转换，快速融入新的团队和业务体系中。

（一）挂职单位欣欣向荣

致密油气勘探开发项目部（以下简称项目部）成立于 2018 年 5 月，是西南油气田下属的正处级二级单位，按照“勘探开发一体化、地质工程一体化、技术经济一体化”工作原则，负责致密油气勘探开发全过程管理。成立以来，致密气勘探开发效果显著，储量产量快速增长，投资成本有效降控，展现了万亿增储、百亿上产的巨大潜力。项目部就是一个微缩版的“油公司”，是真正的油田生产单位，是科研人才跨单位、跨领域、跨专业挂职锻炼的好去处。项目部有三方面突出特点。

一是业务快速增长、发展蒸蒸日上。自 2018 年成立以来，致密气产量逐年成倍递增：2019 年完成产量 0.09 亿立方米；2020 年完成产量 0.56 亿立方米；2021 年完成产量 3.46 亿立方米；2022 年完成产量 15.7 亿立方米，实现日产超 700 万立方米；2023 年预计完成 31.5 亿立方米产量，实现日产超 1000 万立方米。随着业务快速发展，致密气已经成为西南油气田除海相常规气、页岩气之外的第三大天然气业务增长极。

二是机构浓缩精简、人员年轻精干。项目部在编员工 70 余人，平均年龄 36 岁，是一支富有朝气的团队。下设计划财务、勘探开发、生产运行、基建工程管理、井工程管理、质量安全环保 6 个业务部门。另有 1 个综合调控中心，对现场工作进行远程动态监控指导。有限的人员和业务科室，承载了项目部庞大的业务，人人工作量饱满，个个都独当一面。

三是工作体量巨大、市场化运作机制。业务涵盖勘探、开发、生产全链条，工作体量巨大，日常管理按照“油公司”模式市场化运作，勘探开发工程业务主要由东方公司、川庆钻探、渤海钻探等支撑单位实施，科研服务及技术支持由勘探院、工程院、技术公司等技术单位提供，项目部主要履行监管职责，在勘探开发部署方案编制实施、对外协调中发挥主导作用。

（二）提升自我快速融入，熟悉生产业务

新单位的业务范围远远超出了笔者之前的工作经验和知识范畴。听一次业务部门的工作汇报，几乎有一半听不懂，常常处于懵圈状态；第一次到钻井、压裂作业现场，人声鼎沸、机器轰鸣，管线纵横交错、车辆来来往往，既理不出头绪，又无所适从，自信心受到很大打击。但是，在油田主管领导和班子成员的鼓励和帮助下，笔者慢慢调整心态，静下心来，结合自身条件和任职岗位，从调研、参会、学习三方面入手，加快提升业务能力，快速融入业务体系。

1. 开展“6＋1”工作调研，熟悉生产业务流程

积极开展工作调研，快速熟悉生产业务流程。一是完成了6个业务部门和1个生产调控中心的调研。二是到作业区现场调研指导和安全检查27次，包括钻井现场、压裂作业现场、一体化撬装排采作业现场、工厂化作业平台建设现场、集气站平台建设现场、天然气净化厂建设现场、激光雷达采集作业现场、污水废水净化处理现场。三是主动承包安全生产责任区，涵盖钻井、压裂、排采、集输和净化厂等业务，作为长期跟踪指导的定点区块。四是带队赴陕西延长采气厂实地考察，调研某技术公司的撬装式高压除砂脱水脱烃装置。五是在前线指挥部值班值守，协调多界面交叉作业等。通过上述努力，逐渐熟悉了生产业务工作流程、主要工艺技术，再到现场已经逐渐泰然自若、心中有数了。

2. 参加生产类会议，研读重点方案，熟悉运行模式

主动参加与致密气相关的各类工作会议，先后参加生产运行及工作协调会60余次。一是定期参加油田或项目部月度生产会、生产运行周例会。二是参与重点区块气藏开发方案、先导试验方案审查会，认真研读《金秋气田金浅5H、秋林16、中浅1井区沙二气藏开发方案》《天府气区永浅3井组沙一段气藏开发先导试验方案》《金秋气田金浅8井区沙二气藏开发方案》等重点区块开发方案。三是参加5口老井上试方案讨论会。四是参加天府气区沙溪庙组千亿方气田储量申报，并陪同国家油气储量委员会专家现场核查。五是参加广元、绵阳等作业区林评、环评、探采矿权延长等协调会。六是参加与川西北等属地矿区、资阳等地方政府的工作对接会。通过参加各类工作会议、研读实施方案，厘清了生产业务链条和关键环节，摸清了内外协调的方式和渠道，熟悉了日常运行模式。

3. 重进课堂，及时充电，补充钻井工程基础知识

仅靠学习汇报多媒体和现场调研观摩，仍然不能很好地理解生产组织流程、关键工艺技术，必须加强基础理论知识的学习。因此，笔者就近从西南石油大学寻师问道，利用周末时间到西南石油大学补充学习钻井机械、钻井工程、采油工程等基础课程，填补了之前专业知识的缺项。

通过调研、参会和学习，基本实现了团队融入和角色转换，生产基本知识、实际业务把控能力均明显提高，尤其是实现了观念的转变，对生产业务、

科研业务以及两者的结合，有了更深刻的理解。

（三）勇于担当，明确目标，找准工作发力点

作为班子主要成员，还应履职担当、发挥作用。在熟悉生产业务的过程中，笔者始终在思考如何在新岗位上发挥新作用、作出新贡献，如何从自身的科研积淀中激发出有益于生产的想法或策略，如何从生产业务链条中提炼出科学问题与技术难点。要回答这些问题，首先需要分析挂职单位在生产运行过程中存在的技术短板、管理弱项，然后有的放矢提出应对策略、探寻解决途径，从而找准工作发力点。

通过与广大业务骨干、现场作业人员深度交流发现，虽然项目部发展势头强劲，但在技术研发、高效组织等方面仍有较大提升空间，主要表现在以下方面。一是考核指标具体明确，全体干部员工都凝心聚力、心无旁骛搞生产，往往忽略了生产中蕴含的科学问题，未能及时引领研究单位的研发重点和方向。二是生产业务体量大、节奏快、头绪多，缺乏对生产关键环节技术难点的梳理和规划，具有四川盆地特色的致密气生产技术谱系尚未建立。三是市场化运作模式下，从项目部到支撑单位再到承包商，任务逐层分解、压力逐级传递，管理链条过长，对工程实施单位的管理和把控偏弱，且有时信息传递不及时、共享不对等，影响了生产运行的高效组织。

针对上述问题，在项目部党政主要领导的支持下，确立“促进地质地球物理融合、构建生产技术谱系、打造数字化管理平台”三大抓手，作为挂职期间履职担当的发力点。

1. 提炼科学问题，促进地质地球物理深度融合

致密气井以定向井、水平井为主，钻井靶点的选择、井轨迹的设计、钻进过程中纠偏等，都高度依赖于高品质地震解释资料。加之四川致密气资源主要赋存于河道砂体中，储层呈窄条状展布，水平段钻井轨迹设计对地震资料的要求更高。2022 年，致密气勘探开发范围加大，纵向上从沙二段向沙一段、须家河组拓展，区域上从金秋地区向天府气区拓展。随着勘探开发对象的变化，以往针对金秋地区沙二段气藏建立的储层和含气性地震预测技术，在沙一段、须家河组气藏的储层和含气性预测中不完全适用。比如金浅 815 井，钻探揭示沙一段 2、3、4 号砂体的储层厚度都小于 4 米，且含气性差。这种钻探结果与预测结果不符合的现象，制约了后期井位甩开部署和开发方案设计。

针对这一难题，笔者首先与业务科室一道详细听取物探业务汇报，快速锁定技术难点、聚焦科学问题，确定两大研究重点，即基于沉积相差异性分析的精细地质建模、基于岩石物理实验的含气性地震预测。其次指导业务科室，分

两个层次组织攻关：一是依托油田重大科技专项，开展科研交底，将攻关难点和生产需求及时列入重大项目研究计划；二是依托项目部自控科研经费，按照地质地球物理融合的思路，联合其他科研院所开展精细地质建模和岩石物理实验方法研究，力争从基础机理上解决致密气储层识别及含气性预测的技术问题，并及时应用于天府气区沙一段、须家河组储层烃类检测与压力预测，以期在甜点精准识别、井位靶点选择以及井轨迹设计优化方面发挥重要支撑作用。

2. 锁定技术难点，助力构建致密气生产技术谱系

一切生产环节，皆有科学问题。这是笔者在大量业务调研之后的最大体会。结合三个实例略述其理：

实例1：中台108井组生产平台调研。该平台有两口井生产，两井井口相距不足10米、井下相距1000米，这在地质尺度上距离相当近。但是，如此相近的两口井，其产气量和出水量却明显不同，一个瞬时产量相对稳定，另一个瞬时产量变化较大。显然，这两口井地下的流体分布和压力系统是有差异的，原因可能是砂体横向差异，也可能是断裂配置不同。但可以肯定的是，三维尺度气藏描述技术和气水分布理论模型，是亟待攻关的科学问题。

实例2：金浅508压裂作业现场调研。井下分段压裂都会用到桥塞进行封堵，以往普通桥塞使用之后，还需要打捞回收。该井场使用的是低温可溶桥塞，即在地温40℃—50℃和富含氯离子地层水条件下，桥塞可自行溶解而不必打捞回收。但是，这种溶解并不完全，或多或少会留下残渣，后期有可能会跟井底落物发生混积，在油气产出过程中发生堵塞。影响可溶桥塞溶解程度的关键，在于制作桥塞的材质，其中的铝镁比例、微量元素含量等是亟待攻关的科学问题。

实例3：延长采气厂的高压混输装备考察。四川致密气普遍地层压力较低，产出的天然气含有液态烃，生产初期出砂量大。笔者带队赴陕北延长采气厂某井场考察，该井场采用了带有增压装置的撬装式高压混输装置。通过不断增压，一方面可弥补地层压力低带来的输送能量不足；另一方面通过高压气体将液态烃和出砂直接混合带入外输管线，到集气站之后统一处理，减少了地面的废液回收装置，大大节省成本和空间。但是，与四川致密气相比，陕北致密气的液态烃含量、出砂量都较低。因此，四川致密气开采并不能直接照搬陕北延长的技术和设备。适用于四川致密气特点的高压混输装置及其工艺方法，是需要攻关的科学问题。

上述3个实例，都是笔者调研和考察时亲眼所见、亲身经历，对现场的工艺技术、设备装置等感受直观具体、理解更加深刻。诸如此类的实例还很多，

笔者深受启发，向项目部主要领导提出了“一切生产环节，皆有科学问题”的观点，并建言献策构建具有四川致密气特色的生产技术谱系，从科技组织方式优化、技术谱系构建两方面开展。

一是把握西南油气田推行致密气科研生产一体化试点契机，探索建立科研生产一体化组织模式。以项目部为核心，以科研院所、技术公司等为支撑，构建“大科技”运行圈。以强化生产需求为导向，围绕制约生产的急、难、重点关键问题，多单位、跨专业协同创新，解决致密气规模效益上产面临的基础理论和技术瓶颈，提升科技攻关质量和成果转化效率。预期到“十四五”末，建立致密气科研生产一体化高效运行的管理新模式。

二是全员动员、全面梳理生产业务全链条的技术难点，布局致密气生产技术攻关“方阵”，从勘探、开发、井工程三方面，擘画具有四川盆地特色的致密气勘探开发工程技术谱系。(1) 勘探方面：一要加强地球物理攻关，构建基于叠前深度偏移的地震资料处理、砂体识别及储层含气性预测技术体系，提高目标钻遇率；二要加强基础地质研究，构建沉积微相精细刻画、优质靶体精准识别技术体系，指导水平井巷道设计和实施过程优化调整；三要开展地质一地震综合研究，构建基于河道优势部位刻画的井位优选和高效实施技术体系。(2) 开发方面：一要加强工程技术攻关，构建高强度多级压裂改造、致密储层出砂防砂工艺技术体系，保障气井正常投产及地面管线安全；二要强化地质工程一体化，构建不同砂组、不同井区的适宜性开发技术体系，提升开发水平；三要加强技术经济一体化，构建致密气藏效益开发技术体系，提升开发效益。(3) 井工程方面：一要构建井身结构优化技术，优化水基和油基钻井液；二要加大漂浮下套管现场试验，构建小井眼安全钻井技术；三要开展空气钻井工艺试验，构建针对大斜度井、水平井的井身结构优化方案。

3. 推动数字化转型，升级打造信息化管理平台

当前，数字化、网络化、智能化已经成为企业新的竞争方向，正在逐步重塑石油石化企业的发展模式。有研究表明，数字化技术可为企业提高60%的作业效率，降低20%的人力成本，提升50%的管理效率。近年来，中国石油大力推进数字化转型、智能化发展，以高水平数字化转型支撑公司高质量发展，全力打造“数字中国石油”“智慧中国石油”。因此，项目部的数字化转型面临重要战略机遇。

项目部业务链条长、信息体量大、生产节奏快、把控环节多，日常生产运行过程中，每时每刻都会产生海量数据，包括钻探动态、施工进展、产量跟踪、风险监管、对外协调等。同时，项目部业务管理科室精简、人员高度浓

缩，加之原有信息化平台负荷能力有限、专业运维人手不足等因素，项目部各职能部门、各级领导专家在动态信息的获取方面不及时、不一致、不对等，影响了整体业务的高效管理和科学决策。因此，牢牢把握集团公司“数字化转型、智能化发展”战略机遇，打造升级版的致密气信息化平台、在技术手段和管理模式上实现“强管理”、减少人力投入和运行成本显得愈来愈迫切。

经充分讨论和周密设计，笔者带领业务科室制定了致密气数字化转型和信息化建设总体框架，并勾画出实现路径，分解了重点任务，明确了责任归属。

一是集成现有平台、打通外联端口、优化操作界面，实现生产数据的“实时同步共享、动态过程监控”。(1) 集成，强化对电子沙盘系统的集成整合，除勘探、开发、工程、安全监控之外，增加计划投资、文献档案等模块。(2) 打通与公司地面数字化移交平台、井工程管理系统、生产数据实时平台、自然灾害管理系统、开发生产管理平台的链接端口，实现致密气相关生产业务数据的统一接入、集中管理。(3) 界面优化，以生动直观、灵动美观的展示界面，表征各业务链条的动态和进展。

二是打造致密气数字孪生体，建、管、用一体化推进，初步实现“监管、控制、应用、分析”全链条智能化。构建“现场信息化、移交数字化、应用智能化”应用场景，将生产对标、投资分析、风险评估、灾害预警纳入管理系统。

三是将“基础设施、网络系统、数据来源、专人管理”作为关键抓手，建立信息化平台、数字化渠道与本单位业务架构的对应关系，打造技术人员引领、业务科室协同的数字化人才队伍，按照“逐步完善、递进优化、迭代升级”的原则，分层次、按步骤有序推进，全力推动致密气业务的数字化转型、智能化发展。

(四) 挂职效果突显，锻炼提高受益终生

挂职以来，笔者思维方式、胸襟视野、站位高度发生改变，特别是作为干部应具备的战略思维、全局观念、统筹协调能力等明显提高，这在今后任何岗位上都是受益终生的。

一是自身短板逐渐弥补。挂职之前主要是学习与科研经历，缺乏现场生产经验。来到生产单位之后才明白，生产经验远不是油田研究院业务所能涵盖的。当前挂职单位是跨领域、跨板块、跨单位挂职锻炼的绝佳选择，是补短板、强弱项的重要平台。一年多的挂职经历，几乎等同于重读一次大学，必将是人生最宝贵的财富之一。

二是自身优势有望发挥。“一切生产环节，皆有科学问题”，是对生产业务构成和关键工艺技术的理解不断加深的结果，也是科研创新思维在生产链条中反复碰撞的必然。今后挂职锻炼期间，我将继续发挥自身科技优势，助力构建四川致密气勘探、开发、工程三大技术谱系，为致密气快速效益规模上产提供重要支撑。

三是创新思维得以加强。经过生产业务全链条的锤炼，明确了“从生产中汲取科研创新的需求和动力、从科研创新中寻求助推生产的发力点”的基本思路。将“技术研发有新增量、技术应用有新亮点、领域研究有新拓展”作为三大着力点，科研创新的视野更加开阔，提炼科学问题的能力更加敏锐，创新意识的维度和广度大大拓展。

二、几点建议

从实践历程及成效看，挂职锻炼对干部素质培养和能力提升有重要的催化和淬炼作用。遴选优秀科研人才到油田生产一线挂职锻炼，是勘探院践行人才强院战略、培养复合型干部的重要举措。然而，作为一项工作制度，其本身仍存在一些值得改进或完善之处。笔者结合自身实践和思考，从严格选拔、强化考核、完善保障、适当激励四方面提出建议，供相关部门参考。

（一）严格选拔

派出挂职的干部必须严格选拔。一是明确选拔条件，建立公开透明的遴选流程，选出能力突出且具有培养潜质的人；二是坚持必要性原则，既要满足派出单位的人才培养需要，也要满足挂职单位的人才引进需求；三是建立规范的选派机制，充分考虑个人自愿和组织需要双重因素，提高挂职选派人员和岗位的适配度。

（二）强化考核

挂职干部具有双重身份，既肩负着派出单位的嘱托，又承载着挂职单位的履职担当。加强对挂职干部的考核，不仅是对挂职干部本人的成长负责，也是对双方单位的工作业绩负责。一是建立双重考核机制，挂职干部可双重述职，年底由派出单位和挂职单位同时给出考核结果；二是建立派出单位和挂职单位互访机制，定期考察挂职干部的工作状态、突出表现、履职效果、存在问题等，及时调整优化挂职安排；三是加强挂职干部经验交流，由人事管理部门主导，构建有效的交流平台，促进挂职干部之间交流心得、分享体会、借鉴经验，促进挂职干部整体素质提升。

（三）完善保障

挂职干部大多是异地任职，生活、工作难免会面临一定困难，有的抛家舍业，不能很好照顾家庭；有的在新班子中融入困难，或者没有实职实责，或者分管界面不清。因此，需要完善相应的保障机制：一是保障挂职干部定期回家探亲，原单位工会应给其家属以关爱和帮助，减少挂职干部的后顾之忧；二是保障挂职干部有实职、担实责，原单位与挂职单位需事先沟通，充分考虑挂职干部的专业背景、优势特长、短板弱项等，安排合适的挂职岗位，避免挂职锻炼过程变成“走过场”或“镀金”。

（四）适当激励

挂职锻炼的过程，必然要付出一定的艰辛和努力。对挂职干部给予必要的激励，是巩固挂职成效、完善挂职制度的重要一环。一是在挂职期间，落实与其职务职级相匹配的待遇，根据挂职地区条件的艰苦程度和挂职岗位的重要程度，给予一定生活补助；二是挂职期满之后，对表现优秀者，特别是到艰苦地区、重要岗位挂职的干部，为其创造更多的历练机会、拓展更广的发展空间。

三、小结

第一，挂职锻炼是推动集团公司人才强企工程落地实施、践行勘探院人才强院战略的重要举措，是人才成长的重要途径。

第二，挂职干部既可以从生产实践中汲取科研创新的需求和动力，又可以从科研创新中找到助推生产提升的发力点。通过挂职锻炼，科研创新的视野更加开阔，提炼科学问题的能力更加敏锐，创新意识的维度和广度大大拓展，科研创新能力有望提升到新高度。

第三，选派优秀科研人才到油田生产一线挂职锻炼，是一项重要的干部培养工作制度，建议从严格选拔、完善保障、强化考核、加大激励四个方面进一步完善机制，加大挂职锻炼工作推进力度，为建设世界一流能源公司研究院提供人才保障。

参考文献：

[1] 戴厚良：《坚持“两个一以贯之”实施人才强企工程》，《北京石油管理干部学院学报》2021 年第 4 期。

[2] 杨华：《高质量推进人才强企工程，为建设世界一流企业提供坚强人才支撑》，《北京石油管理干部学院学报》2021 年第 4 期。

[3] 马新华：《坚持创新驱动 突出自立自强 为集团公司上游业务高质量发展助力赋能》，《石油科技论坛》2021 年第 6 期。

[4] 窦立荣：《以工程思维推动石油科技人才工程建设》，《北京石油管理干部学院学报》

2021 年第 5 期。
[5] 崔建民：《干部挂职锻炼制度的发展历程与完善路径》，《中国井冈山干部学院学报》2021 年第 2 期。
[6] 郝玉明：《挂职干部管理的问题与对策》，《中国领导科学》2020 年第 5 期。
[7] 刘俊生：《干部挂职制度的历史变迁及成效》，《人民论坛》2020 年第 S1 期。
[8] 杨剑锋、杜金虎、杨勇：《油气行业数字化转型研究与实践》，《石油学报》2021 年第 2 期。
[9] 戴厚良：《高质量推进数字化转型智能化发展》，《中国网信》2022 年第 3 期。

真挂真干真炼才能出“真彩”

江青春

选派干部到基层锻炼是干部选拔任用和干部人事制度改革的经验总结，是党管干部原则的集中体现。挂职干部深入基层后，沉下心来干工作，钻研工作方法、规律和模式，心无旁骛钻业务，干一行、爱一行、精一行，更能信念如磐、意志如铁、勇往直前，遇到挫折撑得住，关键时刻顶得住，扛得了重活，打得了硬仗，经得住磨难。

一、科研人员挂职锻炼的重要性和必要性

（一）挂职锻炼是培养干部的重要方法

挂职锻炼是企事业单位根据人才培养需要，选派干部到其他单位机关、部门担任相应职务。挂职人员在挂职锻炼期间，不改变与原单位人事关系，挂职锻炼时间一般为一至两年。挂职锻炼是人才培养和交流的一种方式，是培养干部过程中的重要环节，是提高干部综合素质，特别是提高实际工作能力的重要途径，更是培养和锻炼中青年干部的有效方法。

对于勘探院广大石油科技工作者而言，油田现场就是最好的试金石，到油田现场挂职锻炼是培养自身成为既懂理论，又了解生产实践，成为油气行业综合型领军人才的重要途径。油田一线有很多制约生产的关键问题，需要通过现场实践获取，将这些生产问题中的科学问题梳理出来，与团队成员共同努力攻关加以解决，并应用于生产之中进行实践检验，实现理论与实践的互动和理论与实践的有机融合。因此，到油田现场挂职锻炼是集团公司和勘探院广大年轻干部磨炼意志、增长才干的最佳“磨刀石”。

（二）挂职锻炼是集团公司人才工程和人才强企的必要举措

戴厚良董事长在 2021 年人才工作会议上指出，集团公司 2021 年在推进高质量发展的实践中取得了不凡业绩，获得了一些启示，其中最重要的启示便是必须坚持人才优先发展。他指出，人才强企的本质是坚持人才第一资源，把人

力资源开发放在最优先位置，全面提升人才价值，不断增强企业核心竞争力和综合实力。面对新阶段新形势新使命，加强组织人事工作，实施人才强企工程，具有重要而深远的意义，这是贯彻落实新时代党的建设总要求和组织路线的必然要求，是推动高质量发展和建设一流企业的坚强保证，是防范化解风险挑战、推动公司行稳致远的现实需要。

挂职锻炼是强化人才队伍建设的现实需要，为集团公司推进高质量发展、建设基业长青的世界一流企业提供强大动力。目前的人才队伍能力素质和水平还不能够满足集团公司业务发展需要，特别是实现习近平总书记的殷切嘱托："解决油气核心需求是我们面临的重要任务。要加大勘探开发力度，夯实国内产量基础，提高自我保障能力。"目前集团公司的人员结构和人员素质还不能达到上述要求。具体体现在，虽然机关部门领导和研究院所广大科技工作者的工作时间较长，理论水平比较高，但缺少基层工作经历，解决实际问题的能力不足，需要实践的历练。有些同志虽然具有一定现场经验，但是由于学历、视野、经验等因素和条件限制，组织管理能力和统揽全局的视野和格局欠缺，需要到科研院所和企业机关进一步锻炼提高。因此，需要集团公司不同部门，不同行业的人才相互挂职交流锻炼，实现人才的多方向流动。集团公司各类各层次人才通过挂职锻炼，能力和业务水平等综合素质得到显著提升，为建设世界一流综合性国际能源公司提供人才保障，努力把能源的饭碗牢牢端在石油人自己的手里。

（三）挂职锻炼是助力研究院科学发展的必然要求

勘探院党委始终将青年成长成才摆在极其重要的位置，坚持党建带团建，大力实施人才强院工程，深入推进干部队伍年轻化进程，年轻同志在科研岗位挑大梁、在管理岗位当主角逐渐成为"新常态"。勘探院始终把人才作为勘探院发展的中坚力量。"出一流科研成果、出一流创新人才、出一流应用成效"是勘探院的发展战略和目标追求。发现人才、引进人才、培养人才、用好人才，是一项事关勘探院全局的核心工作，也是勘探院实现又好又快发展的根本保障。勘探院自 1958 年建院以来，直接参与我国陆上和海外大多数主力油气田的勘探发现与开发建设，有力支撑了中国石油海内外上游业务的起步与健康发展；建立并完善了完整配套的以中国陆相为主的石油地质与油气田开发理论技术体系，获得国家和省部级重大科技奖励 930 余项，引领了我国油气勘探开发理论技术持续创新发展；培养造就了以 19 名两院院士为代表的一大批国内外知名专家。

勘探院的历史和现实告诉我们，人才是勘探院永续辉煌，赓续发展的第一要素，特别是懂得勘探开发的高水平专业人才。勘探院的历史之所以辉煌，是因为 20 世纪 60 年代以前勘探院广大科技工作者多数有参与油田会战、在油田成长的历史，从生产中汲取科研问题，汲取生产养分，再用攻关取得的科研成果去解决勘探开发生产难题，形成了良性循环，促进了人才的快速成长成才。进入新时代，国内外大部分盆地的油气勘探开发已经进入中后期，多以超深、复杂、非常规等目标地质体为主要勘探开发对象，同时勘探院也因科研人员的退休更替，科研人员以 20 世纪七八十年代出生的科研人员为主，还有一部分 90 年代出生的科研人员，他们已成为勘探院的科研主力军。

这些年轻人缺少油田的生产经验，不了解勘探开发的生产实际，仅利用在学校所学的理论知识去面对复杂的地下地质体，解决油田生产问题的能力较弱，研究成果不能满足油田生产的实际需求。勘探院超前谋划，有序安排优秀的青年科研骨干到油田现场挂职锻炼 1—2 年，以汲取生产养分，提升自身的综合素质和综合能力，发扬勘探院的优良传统，在实践中锻炼人才，逐渐形成一支招之能来，来之能战，战之必胜的勘探院铁军人才队伍，赓续勘探院的战斗血脉，永续勘探院的辉煌与荣光。

（四）挂职锻炼是科研人员实现自身发展、更好开展科研工作现实要求

勘探院的科研工作多是与勘探开发相关的上游业务，针对制约生产的关键问题展开理论和技术的攻关与研发，这就需要科研人员有很强的信息搜索能力和发现问题、捕捉问题的能力。如果没有现场挂职锻炼或者油田生产单位的实践经历，科研人员攻关的问题可能不是油田或者生产单位的急难愁盼问题。

通过到现场挂职锻炼，可以在生产动态交流、单井评价、地震资料解释、井位目标区储层预测的生产讨论中获取可供研究的关键问题和能够取得突破的科研创新方向。笔者在多次生产例会中发现，现场的多项工作往往仅利用数据进行现象描述，而没有洞察和分析现象背后的机理。比如：古龙页岩油的甜点层，他们往往根据物性和含油性的统计分析认为 Q2－3 和 Q8 是好的甜点段，但其背后的原因是什么，二者是否为同类甜点，是否由于在 Q2－3 期湖平面快速上升速导致内源泥岩甜点发育？Q8 期湖平面比较低，砂体进积，夹层型甜点特征是什么？这些都没有分析研究。又比如：页岩油井有些钻探效果好，有些钻探效果差，产量较低，但对于低产原因并没有给出地质分析和研究，未能明确其原因，这就制约了页岩油的勘探部署。是不是微古地貌在控制甜点的分布，还是有什么其他因素，需要开展单井的解剖分析，以明确分析其高产富集背后的地质因素。这些问题都是在生产实践中获取和发现的，挂职锻炼可以通过生产发现问题，及时攻关研究，解决问题并将反馈应用于生产，通过实践与研究认识的良性互动，实现科研人员自身科研能力和水平的不断提高。

二、挂职锻炼对推动勘探院高水平建设具有重要意义

（一）挂职锻炼有助于勘探院团队建设

团队建设对于科研院所的发展至关重要，只有一流的科研团队才能出一流的科研成果。首先一个团队人员学历层次和年龄结构要合理，其次学科专业设置要合理，再次团队要有一个既懂理论研发又善于解决生产实际问题的领军人物，大家对他要有充分的信任感。

通过在大庆油田研究院的学习交流以及对勘探院地质所各研究团队的现状调查发现，一个团队的年龄层次合理对团队取得高水平研究成果、快速高效完成组织安排的研究任务至关重要。大庆油田研究院某科室共计 46 人，其中 45 岁以上人员占 60%，学历多以本科为主，只有几个硕士研究生，在与团队交流和安排风险目标工作的时候发现，人员工作积极性不高，工作推动落实慢，多有畏难情绪。而另外一个科室面对相同的工作任务，大家在讨论本土深层基岩低位潜山和超压致密气领域的目标论证材料时，团队十几名成员工作积极主动，献计献策。在风险汇报时，该团队的 4 个井位汇报材料得到了勘探生产公司的高度表扬。

在油田的工作实际中发现，大庆油田的专业团队按照区域地质、实验、地球物理、测井、开发等学科专业进行设置，共设计了 30 多个学科团队，对于学科建设具有一定的推动作用，但油田的勘探开发工作及生产支撑等服务研究工作作为一个系统工程，需要各个学科之间密切配合，快速高效地完成科研生产任务，这种团队组织方式降低了科研生产效率以及科研成果水平。由于学科间各团队都是平级组织，比如在工作实际中，区域室想就四川盆地沧浪铺组进行风险井位研究，并快速推动目标的评价工作，需要地球物理和测井团队的人员对其工作进行支持和配合，二者还需要向对应的首席专家或者企业专家请示，根据实际工作的饱和程度综合考虑是否有人员可以提供支撑。安排的人员其管理和薪酬不归属于区域室，工作效率、能动性、管理协调推进都受影响。鉴于勘探开发等科研工作特点，建议除少数以研发为主的队伍按照学科设置团队，以科研生产研究及生产支撑为主体的团队应打造地质、物探、测井、试验一体化的科研团队，以确保科研工作的高效组织和推进。勘探院的风险勘探研究组织推动也具有类似的特点，地质所、物探所、测井所各单一学科都比较强，但跨所、跨学科组织到一起开展风险目标等基础研究难度较高，推进效率较低。

(二) 挂职锻炼有助于勘探院学科发展

勘探院的很多同事挂职在油田现场，有综合地质、有地球物理、地球化学、测井、机械等领域，他们在日常的生产和科研活动中可以接触到与生产相关的各个学科和专业方向的先进技术。比如，笔者在川渝地区单井评价及选层的过程中了解到物探、测井、工程压裂等学科方向发展的技术前沿，以及这些新技术在生产中的应用方向。同时，在与开发评价的同事共同开展合川地区开发评价井储层及气层评价、开发方案编制等工作讨论中，了解和学习了开发学科所运用的关键前沿技术，了解了这些新技术新方法在勘探、开发等生产应用中的技术痛点和不足，比如核磁测井目前的应用前提、应用条件以及在有效孔隙度计算中的缺陷等不足。

通过现场锻炼，科研工作者将在生产中获取和捕捉到的关键学科方向中理论、技术的缺陷和不足，及时反馈到勘探院各相关研发领域的专家学者手中，可以及时地针对这些学科方向的理论技术短板展开研发工作，攻克相关技术难点，推动勘探院相关学科发展。同时，由于挂职科研工作者岗位差异，通过对不同学科间前沿信息和关键问题的获取，也可以推动和促进勘探院不同学科间的交叉创新。比如，在解决四川盆地茅口组的储层分布规律问题和平面成图过程中，项目团队运用 CIFLog3.1 多矿物最优化处理方法对矿物剖面进行精确计算，并运用已知井的岩性标定结合其他软件实现了各种岩性，特别是白云岩的精确识别，同时运用该软件完成了孔隙的计算。但在进行连井储层快速对比和智能统计数据和平面成图时，发现 CIFLog 不能很好地实现这些地质目标，特别是快速分层统计和分层成图时，因测井思维和综合地质思维的差异性，软件并没有考虑这些功能，通过与在油田挂职的测井研发人员合作很好地实现了这一目标，并完善了 CIFLog 软件在这方面的功能，实现了测井和综合地质的交叉融合，实现了 CIFLog 软件功能的跨学科发展以及功能延伸。

(三) 挂职锻炼对勘探院理论技术研发与生产服务起支撑作用

在大庆油田工作期间，笔者对油田研究院和勘探院的研究工作与生产支撑工作特点进行对比分析，发现了三个显著差异，这些差异和特点恰恰是勘探院未来理论技术研发和生产服务的着力点。

一是油田研究院的研究工作主要聚焦于储量区、建产区等热点区域的研究和生产支撑，对未来战略接替领域或潜在领域等冷门区域的研究和支撑工作略显不足，缺少一定的战略谋划，不利于油田储量和产量的战略有序接替。比如，在川渝的勘探开发工作中发现，他们的研究工作主要聚焦于合川地区茅口组白云岩领域的储量建产区和灯影组的储量规划区，以及川东仪陇—平昌地区的侏罗系页岩油新区三个领域，对流转区的其他 26 个层系的研究部署工作基本没有涉及，这恰恰是勘探院可以大有作为的研究领域和方向。勘探院要跳出油田研究的热点区域，主动谋划，挖掘油田研究精力不及的区域。通过专家讨论，按年度优选川渝探区 3—5 个有利的战略方向，加强沉积、储层、成藏等基础研究工作，组织一体化的攻关团队开展持续的攻关研究，每年落实有利的战略方向 1—2 个，并提出自主原创风险目标，向总部汇报。

二是油田研究院的研究中比较依赖于技术和数据，对现象的描述过多，对现象背后的机理关注和研究深度不够。比如，在营页 1 井的单井评价中发现，对东岳庙一类甜点段的评价过度依赖核磁孔隙度和含油饱和度两个数据，但地质分析不够。比如，在东二一东三的 55 号甜点层，虽然核磁孔隙度和可动流体孔隙度都比较高，但其岩性段差异比较大，上部 3 米方解石含量偏大，是混积岩中以碳酸盐岩为主体的岩性，泥质含量和硅质含量和其他层系比要略低；下部 5 米则泥质含量（页）和砂质含量稍高，碳酸盐岩含量较低，明显是属于两类甜点。其成因具有明显的差异性，下部甜点可能是局部湖平面上升期，导致泥岩发育，方解石不发育，而上部则可能是湖平面稳定期，有利于碳酸盐岩的发育，形成不同于下部甜点的类型。只有透过纷繁的数据现象分析背后的地质本质，才能增强甜点段选取和工程施工的依据和信心，进而提高勘探成功率。这些数据背后的成因机理和规律，正是勘探院的研究人员应该在研究工作中的发力点。此外，在参加川渝地区茅二段白云岩领域钻井井位部署的讨论中发现，在井位的选取和部署过程中过度依赖于地球物理技术，认为储层标定在地震剖面上表现为亮点反射特征，往往基于此进行井位部署。对储层发育的控制因素等的研究仅限于宏观认识，对于已钻高产井的控储因素与低产井原因分析不够，比如对高产井与低产井距离断裂的差异性、滩体能量的差异性、沉积期微古地貌的差异性、岩溶地貌的差异性缺乏分析。由于布井中过度依赖地震响应，导致南部多口井的白云岩储层钻遇率较低，分析原因主要是地球物理资料及预测技术是具有多解性的，需要综合地球物理响应、反演、地质分析多因素结合去布井。这些案例都体现出研究工作在勘探部署中的重要作用，勘探院科研工作者只要抓住生产中的关键科学问题加以攻关，将是大有可为的。

三是油田的研究部署对局部三维区很深很精，但对面上的区带级甚至盆地级的整体研究缺少整体考虑，不利于规划部署。比如，在听取对油田公司 2035 年产量规划时，发现规划以开发为主导，对每个小区块的开发规划考虑得很细，而对于勘探部署或者未来不同年度勘探新增储量区或者建产区，仅从某个小的区带上进行考虑，不利于对未来资源潜力的整体认识，更不利于油田到总部去争取勘探部署的投资。勘探部署和战略规划应跳出勘探小区块，跳出盆地看盆地，从盆地的角度对重点层系的砂体或沉积相进行整体研究，明确盆地各个重点层系全盆地不同区带砂体或有利相带的展布，并将已经发现的油藏和气藏叠在其上，分年度规划部署落实不同年度的不同级别储量提交区带和方向，明晰未来勘探的战略重点，分年度、分步骤实施，这样既有利于总部勘探投资的争取和下达，也有利于油田勘探部署的有序实施。再比如，向北京汇报风险探井井位时，在汇报海拉尔盆地沉积扇体目标时，仅对乌南洼槽的单个扇体进行了刻画，提出了一个风险目标，总部觉得单个洼槽仅是一个小领域，但如果将海拉尔盆地所有比较有规模的洼槽的扇体均刻画出来，将其作为一个新的规模勘探大领域，将各个洼槽扇体的总有利面积和总资源做一个整体考虑，再根据扇体的发育条件和特点进行整体排队，优选其中一个作为风险目标，其风险领域的规模性和意义就会大得多。这也是勘探院在未来生产服务和目标评价过程中需要考虑和注意的。

（四）挂职锻炼有助于勘探院企业制度建设和文化建设

企业制度建设和文化建设对一个企业的发展，特别是助力勘探院建设世界一流综合性研究院是不可或缺的。限于挂职时间较短，仅就企业制度中的人才职称评审制度和企业评奖制度建设，结合在大庆油田的挂职锻炼谈一点自己的浅显体会。大庆油田的专家和奖励评审制度是根据专业学科特点和方向的差异性设置专家岗位和评审奖励。统筹考虑大庆油田研究院各个方向，并根据每个方向的人员多少和综合贡献设置专家岗位和奖励类别。油田专家岗位根据需求设置，有资源评价、勘探地质研究、石油勘探部署、天然气勘探部署、开发战略、长垣油田水区开发、常规油勘探部署、勘探规划计划、油田开发地质、地震资料处理、地震储层预测、岩石矿物与储层分析、沉积学与沉积环境等方向的专家，符合油气勘探开发的实际。反观勘探院设置的很多专家岗位，过度依赖单一学科方向，不能完全符合勘探院各单位的实际，过度按照学科设岗也使科学性和适用性大打折扣。评奖制度方面，大庆油田勘探系统的项目评奖，是根据各科研团队的实际，设立基础研究奖、生产井位支撑奖、勘探部署奖和勘探规划奖，统筹考虑了每个学科方向的工作和贡献。奖励除基础创新奖以外，其他奖励不硬性要求文章等知识产权的数量。勘探院也可根据学科特点和每个单位的特点，灵活设置奖励。企业文化方面，大庆油田的企业文化是在工作中建设和形成的，它不是一句简简单单的口号或者标语，而是体现在“人人为我，我为人人”的企业文化中，体现在“三严三实”的文化建设中，体现在“苦干实干”的工作中，体现在“公平公正，求真务实”的真抓实干中，是一种有形的默默的传承。

三、体会与建议

挂职锻炼要做到真挂职、挂真职。挂职锻炼到一个新的单位，需要挂职科研工作者摆正位置，调整好心态，结合自身岗位和工作经历，找准切入点，与基层同事共同解决问题，快速与他们融为一体。

挂职锻炼要多学习，努力解决实际问题。讨论生产问题和学术问题时候要多学习，少发言。确需发言，要经过深入思考，认真准备，不要夸夸其谈，不着边际。要出真招，敢亮剑，亮真剑，让对方知道你是懂得生产实际的，提出的主意和办法确实能够解决他们的困惑和难题。

挂职锻炼要立足本职岗位，有抓手，做出亮点。挂职过程中由于只负责某一个盆地或勘探的某一方面的工作，尽快熟悉其他盆地或其他探区的情况，同时结合本职岗位，利用这段时间把承担的研究院和油田的工作组织推进，确保自身负责的研究任务和分工能够做出亮点和特色。

挂职锻炼要多学习不熟悉的领域和方向，弥补自身专业短板。在挂职过程中要加强自己不熟悉的领域和学科方向内容的学习，勘探院的研究工作和勘探事业部、采油厂、试油试采公司的工作性质和内容差异比较大，这些内容是科研工作者的短板，要想办法多了解，多学习，多参与他们的业务、讨论和会议，努力参与到现场施工过程中，弥补自身知识和学科方向的短板。

四、小结

挂职是提升展示自我的重要机遇和人生中难得的经历，通过挂职能补足实践短板，提升综合能力。在基层担当任事、主动作为、磨砺才干，把科研院所的研究作风带到基层，学习基层单位经验，深刻理解基层的需求和呼声，一定能为自身的更快成长进步打下良好基础。

寻找问题　解决问题

将论文写在井场、写入油藏

杨清海

当前，世界百年未有之大变局加速演进，新一轮科技革命和产业变革突飞猛进，全球能源格局调整进一步深化。面对新形势新挑战，中国石油集团党组对“十四五”及今后一个时期改革发展作出总体谋划，并将组织人事工作作为贯彻路线、实现路线的重要保证。2021 年中国石油集团领导干部会议，专题研究了组织人事工作，制定了“人才强企工程行动方案”，明确了人才发展的总体思路、实现路径和十大专项工程。

在打造油气产业原始创新策源地、实现高水平科技自立自强、建设能源强国的进程中，中国石油勘探开发研究院（以下简称“勘探院”）责无旁贷，必须做好科技创新和高层次人才培养的主力军和先锋队。勘探院建院 60 多年来，在党的领导下，始终坚持尊重知识、尊重人才，培养造就了一大批国内外知名专家和一支敬业奉献、开拓创新的科技人才队伍，为新中国石油科技事业提供了坚强有力的人才支撑。

站在新的历史起点上，勘探院以习近平新时代中国特色社会主义思想为指导，深入学习领会习近平总书记关于人才工作的重要论述，锚定建设世界一流研究院总目标，审时度势提出人才强院“六大专项工程”。为了进一步提速青年人才成长步伐，做好后备干部培养储备，勘探院持续开展和油田企业双向挂职培养，选派优秀年轻干部到油田现场挂职历练，引导优秀人才在实践实干中成长成材。基于勘探院派出科研工作者到油田研究院的挂职锻炼实践，本文重点阐述交流挂职对于激发人才活力、丰富人才经验、促进人才成长的重要意义，并提出相关建议。

一、挂职锻炼是培养人才、磨砺成长的重要举措

当前，我国深入实施科技强国、人才强国战略，把油气领域关键核心技术

攻坚摆在科技创新的重要位置，把创新人才培养摆在突出位置，体现了党和国家领导人对油气领域科技创新和科研人员的殷切期望。青年人是现在科技计划实施的主力军，要给他们搭更高、更大的平台，让优秀中青年科研人员挑大梁。

视野与格局拓宽是人才培养的重要内容之一，对中青年科研骨干更是如此。到基层挂职锻炼更多强调对整个产业链和创新链内涵的全面了解，从而更加深入认识单一技术环节对整体产业链的作用，深刻理解技术创新对整体创新链的贡献，及时掌握生产一线的矛盾以及矛盾转化动态，充分认识创新成果在产业化过程中所面临的环境和困难。挂职锻炼能够使优秀科研人员快速成长，使他们早日具备独立承担高级别科研任务的能力，为国家科技发展培养一批未来领军挂帅的后备人才。

二、勘探院与油田研究院的定位差异分析

勘探院与油田研究院分别处于油气上游产业链条的不同位置，职责定位和主营业务有所差异，因而业务工作和科研逻辑也不尽相同。

勘探院作为油气上游领域的重大应用基础理论和高新技术研发中心，科研工作更聚焦引领性、基础性、前沿性研究主题和方向，更注重以技术创新引领油气勘探开发方式的升级发展，加速能源开发技术升级换代。因此，在进行技术发展顶层设计和科研开题立项时，强调高水平科技创新以及创新思路的实现，为破解油田实际生产难题提供高科技解决方案，指出一条被证实可行的技术升级路径。在技术研发阶段，较少受到成本因素的禁锢和影响，可以根据远景需求开展超前储备研究，当技术研发成功进入推广阶段时，再进一步通过技术创新、规模效益等方式降低技术产品成本，实现工业化推广。

油田研究院是立足服务油田生产实际、提供技术支撑的科研与生产支持单位。在科研布局和立项方面，首先要考虑生产实际对新技术需求的迫切性，需求较为迫切的技术具有较高的立项优先级，优先得到相关部门资助。其次要考虑科研投入规模、研发周期以及技术研发成功后的成本问题，较少涉及基础和超前研究，多在某些技术前景较为清晰的前提下介入，追求技术快速成型，尽早进入现场解决生产难题，并且在立项时将成本作为重要决策因素，成本较高的技术较难进入油田研发规划。除了科研工作以外，油田研究院还承担产能建设、压裂设计、调剖解堵、酸化等工程方案设计，施工监督以及效果后评估等工作，遇到基层采油厂产量下滑等综合疑难问题，需要从专业角度提出整体解决方案。

油田研究院承担的工作比勘探院单个研究所涉及的研究内容更加宽泛，业务范围更广，从人员、业务、领域等角度来说，勘探院的科研工作相对来说较为纯粹，而油田涉及工作综合性更强。到油田挂职锻炼能够有效弥补年轻干部在油气上游领域实践知识方面的欠缺，极大消除油田现场经验盲区，补齐实践能力、管理能力、协调能力的弱项。

三、挂职锻炼对勘探院与油田研究院的双向促进作用

勘探院与油田研究院定位和职责存在差异性和互补性，通过挂职锻炼可以更好地理解油田研究院的科研思维和逻辑，取得更多合作共赢成果。挂职锻炼对勘探院科研工作的促进作用主要体现在以下三方面。

（一）启动科研成果现场试验“加速键”

技术研发成果一旦从实验室、车间走向现场，面临的问题便由科学问题转变为工程问题。现场试验涉及选井、设计、施工、配套、保护等诸多环节和问题，此外还需考虑井场、天气、人员等因素，一旦考虑不周，有可能导致现场试验的失败，严重情况还会导致井场事故。

通过挂职锻炼，科研人员能够深入、全面、详细了解现场工作模式和工作流程。基于丰富的生产实践经验，在拟定科技方案时，能够提前考虑油田现场应用的工程问题，并在研发中后期、进入现场前提前介入，解决现场试验工程细节问题，做到配套工具齐全、作业工序合理、现场配合到位。同时，科研人员能够第一时间掌握油田雨季、高寒、高温等天气状况以及在特定天气条件下的施工安排，从而有计划地安排科研工作规划，使现场试验时间节点和特定油田适宜施工作业的季节吻合，尽可能降低非科研因素导致的现场施工风险，加快科研成果的现场试验进程，提高现场试验成功率。

（二）促进创新技术成果“落地开花”

挂职锻炼人员是勘探院与油田的桥梁，油田研究院是勘探院与油田公司决策层的桥梁。挂职锻炼有助于掌握油田公司整体战略规划以及技术发展方向和需求导向重点，及时向决策层通报勘探院先进技术研发进程，提出成熟技术的现场推广方案。一旦获得认可，便可推进油田产能建设、开发改造等整体开发方案，将推广主体由勘探院转变为油田公司，形成“自上而下”的推动模式，避免“自下而上”推动所带来的流程长、审批多等弊端，在短时间内实现较大规模推广，更快呈现出规模应用效果。

（三）激发创新“源头活水”

油气田开发的技术创新成果最终要服务于生产一线，牢牢立足生产一线、

深入洞察现场实际、深入剖析科学问题，才能制定出针对性更强、操作性更高的专业领域发展规划，才能提炼出更加贴近生产、更具应用前景的科研课题，使科研目标明确、研究内容清晰、技术方案可行、技术路线合理，为勘探院提供第一手科研立项建议，进一步提高立项建议的科学性。

勘探院的科研视野和丰富科研经验可为油田研究院创新能力的提升提供帮助，为生产实际难题解决提供技术方案或产品，为油气开发方式升级换代提供解决方案，具体体现在以下四方面。

一是提升科研顶层设计能力。有利于以超前和顶层思维制定特定领域的顶层设计规划，使科研工作方向明确、节点清晰、有据可依，形成应用一批、试验一批、储备一批的良性科研应用循环。

二是提高科研过程介入深度。由于科研与生产并行推进，可能造成油田科研工作对科研过程的忽视，合作科研有助于推动科研人员深入科研过程中，从而提高对技术研发的整体把握能力，锻炼科研人员素质，为油田可持续发展提供人才支撑。

三是推动科研成果有形化。勘探院对于知识产权的重视和知识产权保护的敏感，有助于提升油田科研人员成果有形化的意识，推动油田实用化科研成果的有形化，产出专利、论文、著作等成果，提升油田科研工作的地位和影响力。

四是扩大国际化视野。勘探院很多科研人员在国际学术组织中担任重要职务，长期以来一直发挥着重要作用和影响力，勘探院形成了浓厚的国际交流和合作氛围，在国际石油学术界具有重要地位。挂职锻炼人员可提升油田研究人员对国际学术组织和国际交流活动的认识程度，并明确参与国际学术活动的流程和要求，以实际行动参与国际学术活动，扩大国际学术视野。

四、挂职锻炼对人才的培养作用

挂职锻炼对于挂职人员来说既是组织的信任、难得的机遇，也是不小的挑战。机会是，得以进入新平台、新环境，在生产现场边学边干、学干结合；挑战是，如何真正融入接收单位，良好地与当地干部沟通交流、共谋工作？如何使挂职锻炼收到最好的成效？结合个人实践体会，本文认为油田现场挂职锻炼对人才成长具有十分积极的促进作用，主要体现在以下三方面。

（一）加强对油田生产的认识

科研人员对油田现场的认识和理解可以分为三个层面。

一是单项技术通过科研攻关并经室内测试合格后，进入现场试验阶段。此时，较为关注选井以及选井后的现场施工工艺，这一过程一般都有一线科研人员全程参与，对现场的理解一般在单井层面。

二是单井试验取得成功后，扩大现场试验规模前，需要掌握区块整体状况，并根据区块试验要求进行整体分析，制定合理施工方案和单井工艺。在实施过程中，科研人员一般需要密切关注整体进度，必要时解决个别偶发问题。此时，较为关注技术应用的整体效果和适应性，对现场的理解一般在区块层面。

三是技术完全成熟后，进入大规模推广阶段。由于规模扩大，工程施工、后期维护等工作无法由科研人员承担，需要一线采油工人介入并主要负责。此时，除了关注技术的整体可靠性和稳定性以及规模应用效果外，应对一线工人的工作流程、具体职责、工作习惯以及基层管理模式有深刻了解和认识，不仅使他们能够熟练掌握作业工艺、技术功能，还要制定有针对性的技术管理办法，让一线工人主观上愿意用、操作上方便用，确保新技术最大限度发挥作用。

通过挂职锻炼，可以使科研人员近距离接近现场、认识现场、理解现场，逐步提高对油田现场的理解程度。在此基础上，根据现场工况在方案制定、科研过程、实验环境、现场施工设计等多个环节提出针对性措施，提升科研人员的创新工作落地能力、创新技术转化能力，从技术研发和技术管理方面同步提高科研素养。

（二）提升管理能力

在科研和生产任务之外，勘探院与油田研究院还在人员结构、管理方法等方面存在差异，主要体现在人员团队数量、成员学历、工作身份等方面。在勘探院，专业学科划分详细，专业化科研团队一般人数较少，成员学历普遍较高，可以根据个人能力、特点、性格，建立因人而异的个性化管理方法，使个人贡献最大化，发挥小团队、高协作、大能量作用。与勘探院相比，油田研究院的人员规模要大很多，挂职锻炼所分管业务的人员也多很多，人员层次差别很大，每类人群的特点不尽相同。要让这些群体拧成一股绳，各司其职，各尽其责，形成合力，需要有适应不同群体、制度化的管理方法。通过挂职可以提升挂职人员的团队管理能力以及科研管理能力。

（三）提高沟通协作能力

油田为生产单位，部门和员工数量较多，各部门、各岗位分工明确、相互协作。科研、生产、管理、经营等各项工作，不仅要保证事件本身在单一角度和专业方面的准确性和科学性，还要考虑部门间、岗位间的通力协作，换位思考，保证尽可能在其他角度和专业方面的合理性，做到思虑周全、各方认可，才能将事做成、做好。

五、几点建议

挂职锻炼人员是勘探院和油田的纽带和桥梁，为了强化勘探院和油田之间的合作与交流，建议充分发挥挂职锻炼人员对双方的作用，在科研合作、技术交流与培训、合作成果等方面全面合作。具体建议如下：

设立针对生产一线难题的合作研究基金，侧重支持贴近生产实际、现场急需、研究周期相对较短的选题和内容，从选题、立项、研究到现场试验与应用，皆由勘探院与油田研究院和采油厂共同参与，建立勘探院、油田研究院、采油厂一体化科研攻关与应用团队，使科技研发与生产应用紧密关联，研究成果快速转化，力争在较短周期内解决生产实际难题。若技术研发取得突破，双方可共同申请更高级别的项目支持，扩大示范应用规模。

强化挂职锻炼人员的工作规划与岗位设置。为了达到全面锻炼提高的目的，可对挂职锻炼人员的工作内容和岗位进行多样化规划和设计。挂职初期，一般围绕原有学科专业和本职工作展开，在熟悉和了解挂职岗位工作内容并做好工作部署和安排后，可基于实际工作情况进行岗位轮换。岗位轮换应注重与原岗位的差异性，贴近生产一线，深度参与到油田的产能建设、方案设计、措施制定等实际生产环节。岗位轮换能够在有限的时间内，进一步拓展专业范围，熟悉生产流程，提高挂职人员的锻炼效果。

建立勘探院和油田常态化技术交流和培训机制。以双方科研人员为交流主体，围绕具体技术问题或生产难题开展交流与研讨，不限定人员，不限制时间，不拘泥形式，双方科研人员建立充分互信，充分讨论，为生产难题解决、技术方案制定、技术方向确定等提供常态化交流渠道。利用挂职锻炼人员对勘探院和油田的熟悉和了解，组织开展油田研究院、采油厂和勘探院之间的互动培训活动，油田培训以基础性工程实践和生产难题为主，勘探院培训以技术发展形势和创新技术研发为主，立足基础性、常识性、概念性内容，不局限专业，力争提升双方研究人员的研究视野和广度。

建立短期参观学习机制。针对油田特定工艺的现场作业，勘探院派出相关专业人员进行现场短期参观和学习，并由油田专业人员对相关工艺进行现场讲解和教学，掌握工程作业工艺的原理、参数、流程、规模等，增强科研人员对现场施工作业过程的感性和理性认识，理解科研工作在实验室和现场之间的差异，提高新技术现场施工成功率。由于油田现场施工具有不确定性，可基于挂职锻炼人员掌握一线信息，动态安排短期参观，实现小团队、多频次、针对性参观学习。

六、小结

油气开发科研工作是为油田现场服务，满足油田开发现场需求，促进油田生产水平不断提高，基层视野与认知决定了科研骨干的主体研究方向是否符合生产一线发展需求，决定了科研人员能否在牢固的实践基础上开展扎实的创新工作。挂职锻炼过程中，科研骨干围绕油田寻找问题，围绕油田解决问题，从纷繁复杂的具体事务中梳理技术主线，在见微知著的过程中实现“润物细无声”的成长。

挂职锻炼干部要牢记党的教诲，立志科技兴油，不负韶华，瞄准科技发展前沿，围绕油田生产实际难题，将石油科技工作者的责任和使命落实到油田，将论文写在井场、写入油藏，脚踏实地站在井场上，让科研成果在“磕头机”的运行中绽放，为“把能源的饭碗牢牢端在自己手里”贡献青春力量。

参考文献：

[1] 习近平：《在庆祝中国共产主义青年团成立100周年大会上的讲话》，《人民日报》2022年5月11日第2版。

[2] 秦玉安：《国有企业青年人才队伍梯队建设探讨》，《科技创业家》2013年第23期。

在生产实践大课堂磨砺成才

刘英明

党的十八大以来，以习近平同志为核心的党中央指出要完善人才战略布局，深入实施人才强国战略，加快建设世界重要人才中心和创新高地，将建成人才强国确立为2035年远景目标之一，努力营造人才培养的良好氛围，推动人才在高质量发展中建功立业，为加快建设人才强国指明了方向。集团公司深入贯彻落实中央人才工作会议精神和人才强国战略，公司上下锚定战略目标、坚持同向发力，突出组织体系优化提升、“三强”干部队伍锻造、人才价值提升、分配制度深化改革等关键紧迫任务，扎实推进重点举措落地实施，有力推动人才强企工程迈出坚实步伐，全面提升人才价值，不断增强企业核心竞争力和综合实力。勘探院把人才强院战略作为建立世界一流研究院的核心措施之一，在人才队伍建设上不断发力，提速青年人才成长步伐，逐步建立与培养开发、选拔使用、激励约束等挂钩的人才考核评价机制，加快各类人才成长节奏。

目前，在企业中存在着一定科研人员、管理人员没有真正接触过生产一线，有的干部在管理企业时对生产不了解，制定政策时落地实施存在诸多问题；有的科研人员在科研过程中，往往理论研究与生产实践脱钩，形成的技术无法直接应用到生产。尤其是有的科研干部、项目长，瞄准生产重大问题，带领团队开展兵团式的科研攻关，缺少现场生产和管理经验，在需求把控方面往往经验不足。这些问题制约着科研成果落地和科研创新活力。

近年来，勘探院将挂职锻炼作为践行集团公司人才强企政策的重要人才举措之一，将一批干部派到油田生产一线挂职锻炼，积极构建人才培养实践锻炼载体，健全挂职锻炼制度体系，完善选拔、培养、考核、使用保障支撑，形成了务实高效的挂职人才培养特色模式。经过挂职锻炼，干部能力得到了提升，开阔了视野，提升了跨学科的理解能力，培养了组织领导能力，建立了挑大梁当主角的自信心。通过挂职干部在油田生产一线的探索与实践，实现人才的自我完善，助力中国石油高质量发展。本文以笔者的挂职实践和亲身感受为实例，阐述挂职锻炼在践行勘探院人才强院战略中的作用和意义。

一、挂职实践可以为一线生产提供一定的指导

挂职干部参与油田生产科研工作，针对科研难点问题，协助技术攻关，结合自身技术优势，在推进科研进步、促进生产成效、提高生产效率方面，起到积极作用。

（一）结合自身优势技术，有效指导生产实践

挂职干部一般挂职实践时间不长，快速融入油田生产工作最好的方式就是结合自身的工作经验、专业优势参加相关的生产研究，这样一方面能够较快地融入现场生产，尽快让自己的优势技术理论发挥作用；另一方面能扩展挂职干部的知识广度和维度，提高自身素质，实现在该领域的技术理论与生产实践结合，充分发挥技术优势。

笔者一直从事测井新技术研发和大型测井处理解释软件平台研发工作，具有较为丰富的技术有形化、方法研发、大型软件架构和开发经验。到大庆油田挂职后了解到，大庆油田研究院在测井生产中，经过多年攻关和生产实践，形成了大量方法和技术，例如川渝碳酸盐岩测井评价、页岩油储层测井处理解释、双低储层测井解释评价等测井解释评价技术，但这些技术方法大多零散在个人手里，所形成的方法也集成在不同的软件平台上，很难形成体系化的技术有形化成果。为此，结合个人的优势，从以下几个方面开展了工作。

1. 技术梳理

梳理研究院测井生产业务的主要工作和技术，归纳形成针对不同业务流程的技术体系框架，并结合个人前期的技术优势，与现场技术人员沟通，对技术流程和体系进行补充和完善，对古龙页岩油、合川潼南碳酸盐岩、川渝致密油气、双低油层、深层、中浅层碎屑岩等不同领域测井处理解释评价科研和生产过程进行调研、梳理，总结技术难点和存在问题，讨论解决方案并形成技术框架。

2. 技术研发与集成

对所有的方法进行整理分类和归纳，对方法的源程序、应用模块进行分析，依托 CIFLog 测井平台制定方法集成方案，与技术人员进行讨论确定集成方案，并开展技术模块研发与集成工作。对生产过程中的共性问题进行总结，形成针对油田生产特色的功能模块，显著提升生产工作效率，在建立解释模型、储层快速识别方面发挥了重要的作用。

3. 技术培训

对现场技术人员进行软件集成开发的培训，对技术人员赋能，让技术人员对自己研发的方法进行集成。“授人以鱼，不如授人以渔”，要想使形成的技术能够持续用于油田生产应用的有形化产品，使技术能够在油田更好的应用，生产部门应该有油田技术开发人员能够依托 CIFLog 进行软件功能的定制和模块的开发。为此，通过油田培训管理部门协调，与技术部门沟通，选拔对开发感兴趣，具备一定编程基础，同时愿意从事开发工作的技术人员开展一系列由浅到深的技术开发培训，培养一批能够进行技术有形化的专业人员，使成果更好地应用于现场、服务于现场。

在这个过程中，笔者一方面对生产过程中的测井生产业务体系和油田对于测井软件应用的需求有了全面了解，对生产单位形成的方法和技术进行了梳理和总结，为油田培养了能够开发软件、将技术形成有形化成果的人员，为油田技术形成体系和有形化成果奠定了一定基础；另一方面建立了融入油田现场生产的自信心，为接下来开展工作找到了努力的方向，发挥了一个挂职干部的主观能动作用。

从笔者的实践来看，挂职人员充分结合自身的专业特点和经验，充分结合现场的实际生产需求，对现场生产过程起到了促进作用。个人也达到了了解现场的目的，能力在过程中得到了提升，现场对挂职人员也建立了较好的信任感。

（二）立足油田需求，针对性地解决痛点问题

到油田挂职是一个很好的深入了解现场的机会。在油田生产实践中，能够得到油田第一手数据资料和直接的现场需求，便于从油田需求出发，立足生产问题和难题，结合自身优势技术和经历开展工作，使现场工作有方向、实际工作有抓手。

在大庆油田测井生产和科研过程中，根据业务分工和生产管理的不同，不同储层类型、不同区块、不同层位的测井资料处理解释往往由不同的技术人员完成，造成收集原始数据、处理解释成果数据、过程数据都在个人手中，时间一长，数据容易丢失。当需要进行重新评价或者进行区块再评价、老井复查的时候，对数据的收集较为困难，对于搜集不完整的数据还需要进行整理或者重新处理，工作效率很低。这种情况在很多油田生产中都存在。大庆油田目前所涉及的区块、层位、储层类型等较多，井的数量也多，在这个方面的生产痛点越显突出，亟须构建一个协同工作的环境，建立测井项目数据库，并结合专业软件进行统一的数据管理和测井处理解释评价，标准化入库流程和曲线命名规范。

笔者与测井团队、软件研发团队、CIFLog 软件团队等组织多次讨论，具体针对系统的整体框架、数据入库标准的定制、与业务结合的方式、数据库构建方案、专业软件应用需求等技术方面内容，制定了详细的技术方案和实施计划，开展了相关的研发工作。这种现场需求与技术相结合的方式使该项工作快速顺利推进，取得了阶段性的突破进展。

在解决油田问题的过程中，笔者充分发挥挂职人员对生产单位的积极作用，锻炼了解决现场问题的能力，挂职个人和单位形成了双赢的局面，双方建立了互信关系。经过努力，油田生产问题得到解决，建立起有效的解决方案和技术成果，大幅度提高了油田生产工作实效和生产效率。挂职人员所开展的一切工作应从实际需求出发，以解决实际生产问题为工作导向，深度融入现场，充分发挥挂职人员的作用，在解决问题的同时提升和锻炼个人素质。

二、生产实践对石油勘探开发理论的完善

油田在实际生产开发过程中有大量的数据、资料和案例，为石油勘探开发理论的验证、优化和完善提供了宝贵的资源财富。勘探院派出的挂职干部一般都是技术专家和科研骨干，挂职之前在各自的领域中都有一定的科研成果和特色技术。来到油田，在将技术应用到油田的过程中，一方面能够对这些技术成果进行验证，另一方面发现技术存在局限或有一定不适用性时，可以通过实际数据的分析和校正，对技术成果进行优化和完善。

以笔者的实践为例，随着油田勘探开发的不断深入，水平井成为油田增储上产的主要手段之一，大庆油田水平井的数量逐年增多，特别是大庆古龙页岩油储层，主要采用水平井生产，水平井测井资料的处理解释在储层参数评价、地质应力分析、储层甜点评价等方面发挥着重要作用。笔者负责集团公司前瞻性基础课题“水平井处理技术研究”，形成了一套水平井处理解释技术和软件系统，在大庆油田挂职期间，以大庆古龙页岩油为示范区，搜集了典型的水平井测井、地质、试油、工程等资料，对课题中的水平井快速正反演、井轨迹与地层几何关系分析、三维属性建模等技术开展应用。由于大庆页岩油储层较为复杂，现有技术在应用过程中遇到了很多问题，例如由于页岩油储层薄互层较多，标志层不明显，井轨迹和地层几何关系确定较困难，建立的模型存在多解性。为此，结合大庆油田现场的地质工程、试油试采等数据进行分析，建立页岩油标志层确定方法。页岩油储层中孔隙度、孔隙压力、水平应力等储层参数的计算与常规储层有着明显的差异，为此，选择工程数据和试油数据等对模型

进行优化、标定，大大提高了储层参数的计算精度。通过现场数据的分析和标定，实现了水平井处理技术和方法理论完善和优化，为储量计算、开发生产准确参数的获取提供了有力保障。

三、跨学科、跨岗位交流，促创新、促合作、促进步

（一）跨学科、跨领域学习，促进人才全面发展

到现场挂职锻炼的目的是培养人才，人才应该具备的素质要符合新时代企业的发展需求，形成的知识体系应该“即专又博”，也就是说既要专业精深，又要知识广博。挂职干部到生产单位后，在深耕自己专业的同时，更应该放眼整个单位的各个领域，在实践中扩展自己的视野。油田生产涉及多领域、多学科，是一个极其复杂的系统工程，从勘探、开发到工程、销售，各学科之间相互协作。挂职人员在原单位中有很多知识是无法直接获取的，一些经验只有在现场才能获得。因此，挂职干部应该充分了解现场，不局限于自己业务领域，多了解，多交流。这是促进科研创新，开拓合作机会的有效手段和途径，更是挂职人员知识扩展的有效方法。

笔者从事测井方法与软件研发工作多年，在勘探院工作时，工作思路一般从测井方法技术和软件开发本身考虑问题，对于勘探开发和工程等方面的知识大多停留于教科书和汇报材料上，一些概念的理解不够深入，对于一些工程施工方法、工艺和数据参数理解得不够全面。根据这种情况，到油田挂职后应积极参与各种生产会议和技术交流，与地质、开发、压裂、测试等各领域技术人员讨论交流。同时，油田作为生产单位拥有大量工程数据，为了对这些数据进行理解分析，深入压裂、测试等施工现场，直观了解施工工艺、手段和实施过程，对于不懂的多向现场施工技术人员请教，结合所看所感与自己的专业去学习和理解。经过这样一个过程，笔者在专业知识框架构建上得到补充和完善，能够从地质、工程、测试、生产等多个角度理解测井生产中需要解决问题的目的，更加全面地掌握勘探开发知识，对于各种参数的解释和理解更加深入。

（二）跨单位交流，促进技术创新，创造发展新机遇

从挂职干部本身出发，其一方面代表派出单位，具有原单位的工作作风和文化特征；另一方面代表挂职单位，在职责上是生产单位的人员。这种特殊的身份，对于派出单位和挂职单位具有重要桥梁作用，可以增加两家单位相互了解的机会，建立单位与单位之间技术交流通道，为两个单位更深层次的合作创造了新机遇。

大型国产测井处理解释软件平台 CIFLog 是依托“十一五”至“十三五”

国家油气重大专项，由勘探院李宁院士牵头，联合多家油田、企业和高校，历时数年攻关，研发的具有中国石油完全的自主知识产权的大型测井处理解释软件平台，是国家油气重大专项十大关键技术装备之一。具备单井、多井和水平井测井处理解释全流程评价能力，不仅实现了全套高端成像处理解释方法，而且建立了复杂储层处理解释评价体系，可全面替代国外软件，整体达到国际同类技术的领先水平。CIFLog软件在大庆油田测井公司和测试公司已经投产多年，但在大庆研究院应用深度还不够。笔者到大庆油田挂职后，通过全面了解软件在大庆研究院的应用情况，对在用软件进行了全面摸底，与测井技术人员进行了深入交流，并从个人技术优势出发开展了测井新技术和软件的培训，让研究院更加了解CIFLog，将勘探院特色技术和有形化产品在油田研究院进行了推介，让大庆研究院对CIFLog有了更加深入的了解。通过努力，大庆油田研究院决定将国产软件CIFLog作为生产主力软件全面投产。

CIFLog的应用大大节约了大庆油田研究院的生产成本，开发的特色技术在大庆古龙页岩油、川渝碳酸盐岩测井评价、大庆长垣水淹层智能评价等领域都发挥了重要作用，有效地支撑了生产。CIFLog也借此用最新版本3.1对大庆测井公司、大庆测试公司进行了全面换装。将CIFLog应用于现场，是挂职干部作为连接科研单位与生产单位的桥梁发挥作用，加速科研单位成果在现场生产中的落地应用的典型实例。

四、深入一线，构建大格局，树立大局观

油田生产一线是一个大课堂。挂职干部只有深入到油田生产一线，才能领略到我国石油工业发展进程中那种不怕牺牲、艰苦奋斗、自强不息的精神。作为新时代石油人，不但要有过硬的技术，更加应该传承石油精神。当前我国能源安全形势严峻，原油对外依存度超过70%，天然气对外依存度超过40%。每一个石油人都肩负着保障国家能源安全的责任，挂职油田更加应该从工作作风上“苦干实干、奉献奋进”，传承“三老四严、精细严谨”的优良传统。

大庆油田是大庆精神（铁人精神）的发源地。到大庆油田挂职后，从科研、生产到施工现场，大庆精神（铁人精神）无处不在，大庆精神（铁人精神）已经深深地刻在每一个人的骨子里。利用周末时间，笔者参观了铁人纪念馆，了解了铁人事迹，深深地体会到了作为石油人的责任感和使命感。大庆油田研究院作为集科研和生产为一体的油田科研单位，无论是领导还是基层工作者，都对工作一丝不苟，面对难题勇往直前。面对生产难题，科研人员积极攻关，对遇到的每一个参数、每一个工程响应特点、每一个现象都认真对待，不

放过任何细节，寻根问底找出原因，充分体现出科研工作的“三老四严”的精神，严谨的态度正是大庆油田持续稳产的关键。

油田生产一线的锻炼能够使挂职干部树立大局观。石油石化企业是保障国家能源安全的“战略部队”，石油人经过在油田的挂职，有助于坚定不移听党话、跟党走、为党干。从实际出发，以科研技术贯彻落实“四个革命、一个合作”能源安全新战略，提高增加油气资源储备的意识，增强为保障国家能源安全、满足人民美好生活需求作出贡献的决心和格局。

五、结论

以笔者实践经验来说，挂职这项人才政策对于挂职干部、勘探院、油田企业来说都起到了积极作用，具体有以下几个方面。

挂职干部的理论知识、技术水平和实践经验等方面得到完善和提升。理论知识方面，挂职干部直接参与到实际生产中，在实践中运用理论知识解决生产问题、理解生产，通过理论与实践相结合使对理论知识的理解程度更加深刻。同时，在生产中往往会遇到一些没有接触过的知识理论内容，为了解决生产问题需要对这些理论知识进行学习，理论知识广度得到扩展和完善，知识结构更加合理。技术水平提升方面，形成的技术成果应用于油田现场解决实际生产问题，在应用过程中，技术会随着生产效果进行反馈，技术运行参数不断优化，技术适应性得到增强，技术适应条件得到总结，现有技术得到进步。实践经验方面，经过参与生产科研实践，丰富了挂职人员的阅历，为更好地开展科研工作打下了坚实基础。

勘探院和油田通过互派挂职干部，建立了双方单位交流的渠道，增进了企业间的沟通和交流，双方文化得到相互融合、借鉴和促进，科研与生产得到紧密结合。经过挂职锻炼，挂职干部“补短板，强弱项”，整体素质得到提升，油田企业科研水平得到进步，勘探院人才队伍得到优化，与油田企业关系进一步增强。随着挂职锻炼这一重要举措的不断实施、推进和完善，企业在内部将逐渐形成一种发展的源动力，持续推进企业向前发展。人才队伍的发展构建将有效推进勘探院技术水平质的飞跃，助力中国石油勘探开发达到世界水平。

直面挑战　突破困局

挂职锻炼助尕斯库勒建新功

钱其豪

2022年7月9日，笔者走出勘探院大门，踏上尕斯库勒这片热土，开始为期两年的挂职锻炼。这次挂职锻炼，对笔者而言不仅仅是自我提升与历练的过程，也肩负着勘探院对人才强院战略的思考与实践重任，更多的是建立科研生产与人才之间相互促进，良性共生的生态长远布局的一次探索性实践。

一、青年科技人员挂职基层是人才强院的战略要求

勘探院认真落实集团公司人才强企工作部署，谋划实施人才强院“六大专项工程”，构建符合人才发展规律、契合科技工作特点的组织人事和人才工作体系。其中最具特色的是建立人才双向交流机制，勘探院派出年轻科研技术人员13人赴地方油气田挂职，接收6人来院挂职，引导优秀人才在实践实干中成长。勘探院伴随着新中国石油工业和石油科技事业的起步、崛起和快速发展，走过了辉煌历程。建院之初，以李德生、童宪章、田在艺、邱中建、刘文章、胡见义等一大批院士、学者为代表，直接参与了大庆油田、渤海湾胜利、大港探区的发现、早期评价与快速上产建设。勘探院为新中国石油工业与科技事业的起步和发展发挥了重要作用，最根本原因在于勘探院科研工作者直接参加油田一线工作。此后，根据发展需求，勘探院调整攻关方向与主要研究内容，向高精尖技术、重大专项、规划计划等方向转型，成为综合型科研院所。与此同时，地方油田科研实力伴随着国家层面人才培养的进步取得了长足的发展。技术干部挂职锻炼，一方面是人才培养的需求，另一方面是深入油田一线、深入挖掘问题、深刻思考未来的方向性需求。如何在当今石油行业技术体系中发现新的增长点，找到决策平衡点，站上引领技术发展的制高点，构筑院企之间良性共生的生态环境，成为挂职干部身上需要肩负的又一重任。

从个体人才培养的角度来说，挂职锻炼是工作场景的根本性切换，变化的过程，习惯的差异，都会促使挂职干部深入思考，到底应该怎么做，遇到困难

应该怎么处理，遇到瓶颈应该怎么破局。挂职是对青年干部综合性工作难度的一次大幅度提升和考验，作为勘探院挂职干部的一分子，笔者深刻体会到了这一点。初到油田一线，从纯粹的科研学术环境转换到油田现场生产技术支持，各部门的职责与配合、一线运行管理、应急处置……对笔者而言都是全新的工作场景，压力巨大，问题众多。最初热血沸腾要完成心中的雄心壮志，但来到油田挂职后，在不同时期都会遭遇内心的迷茫和困惑，这些迷茫和困惑让挂职干部迅速成长，不论是自身努力适应环境，还是借助外部帮助突破这些困难，都是极大的进步。勘探院的长远发展，离不开迷茫过的人看清前路，也离不开不再迷茫的人作为脊梁。挂职锻炼，是一个加速人才蜕变的过程，是为勘探院培养一批懂技术、懂现场、实践能力强的专业人才的重要举措，是人才强院的战略需求。

二、科学研究、生产实践与人才培养的共赢

科研人员到油田生产一线挂职具备三大优势：科研工作者本身具备一定的科学素养与研究基础，可以在理论基础上为油田一线生产助力，实践反过来会推动科学理论技术的进步；挂职单位可以借助挂职干部在其他油田工作经验，结合自身工作习惯，对比发现可以改进的地方，进一步促进生产实践的发展；来到油田之后，面临的困难和实践的挑战会促使挂职干部自身能力提升和进步。因此，科研院所技术干部到基层单位挂职，更容易形成共赢的局面。

（一）干部挂职是科研工作的试金石

来到油田面对的问题，都是极为困难和复杂的。在油田领导的帮助和指导下，笔者学会了分级思考剥离不同层次的要素，通过现场调研与数据分析认识问题的外在现象，通过业务层面研究分析其内在技术原因，进而深入思考出现该技术问题的根本原因。石油行业的科研，本质上是一个实践性科研，贴近生产之所以一直以来是前辈们解决问题的金钥匙，就是因为石油行业的很多科研问题都是从实践中发现和摸索出来的，在实践中才能认识问题出现的根本原因，才能产生真正意义上的创新思维。

北京院尕斯技术支持团队经过3周开展数据挖掘计算，终于找到了尕斯开发问题的关键。长期以来，普遍认为非常规储量投入开发带来了高自然递减影响产量目标的实现。但产量的变化与产能建设规模并不匹配，面对产量递减的压力，油田开发所压舱石技术团队编程序规模处理数据，从新的维度审视数据，从统计规律中发现反常，从不起眼的数据入手展开分析，找到了开发过程中被忽视的注采对应率问题，开发调整思路豁然开朗，解决了开发调整方向的

大问题。

尕斯库勒地层复杂，标志层相对匮乏，井与井对比时，井间小层相似，做过很多次常规对比依然没有办法形成统一靠实的对比认识与结果。团队研究后提出，反转地层对比工作顺序，首先通过油水井动静态资料对比分析，找到优势渗流通道这个金钉子，用井间的注采联通关系把油水井立体空间对应关系固定下来，然后再把地层建筑结构搞清楚。在这个思路指引下，勘探院和采油厂结合起来，井组分析配合地层对比，大大降低了注采对应不确定性，为注水开发奠定了良好的基础。在无数工作的潜移默化中，压舱石工程核心开发思想贯彻到了最基层员工的日常工作中，具备价值的研究成果在实践的筛选中确立下来，在实践中被选择和应用。一切从实际出发，是亘古不变的科学真理。

（二）干部挂职是生产实践的助推器

回想初到油田时，油田开发调整难度大，尕斯库勒油田“压舱石”开发调整进入不停讨论却没有结论的困局，作为压舱石团队油藏工程技术团队的一员，这也是压在笔者身上沉甸甸的担子。依据油田发展规划，采油厂需要在当前高递减的情况下，上产 5 万吨才能完成油田整体年度生产任务目标，时间紧、任务重，必须在短时间内完成行之有效的开发调整方案，才能有效支撑油田产量目标的实现。只有发挥众人的智慧，借助集体的力量，才能完成如此艰巨的任务；只有优化工作方法，保持耐心与定力，想方设法从技术层面找到突破口，才能拓出尕斯库勒的可持续发展之路。为充分发挥勘探院的技术优势与油田厂院的实践认识优势，组建勘探院、采油厂、油田研究院、高校联合攻关团队开展研究工作，为压舱石工程先导示范方案编制打好了人力资源基础。

尕斯库勒资源丰富，小层众多，多年来采用储量有序动用的方式保持产量稳步运行，但在现场条件制约下，形成了注采对应差，注水难等问题，地下有一定的资源基础，注水井点缺失，井网问题积重难返。针对这一局面，压舱石团队提出“提高注采对应恢复水驱秩序、层系综合利用降低上产成本、重新排布井网实现注采均匀、局部插空打井强化差层注采、实施井组分析确保及时调整”五项立体井网调整对策，带领研究院采油厂技术干部，结合压舱石调整需求，一口井一口井梳理井况，研究合适上返途径，立体重构，完成了尕斯库勒上盘七套层系开发调整方案井网设计，井网调整之后的下部层系井上返，用于上部储层加密细分，极大节约了钻井费用。利用联合团队技术基础，在不到两个月时间内，完成了涉及十多亿投资规模、数百口油水井措施的开发调整方案。理念先进、方法创新、高速高效，青海油田实现了科学开发理论与油田生产实践深度融合的油田开发调整方案编制，破解了压舱石工程层系井网调整的难题，为尕斯油区压舱石工程奠定了坚实的基础。

2023 年 3 月，《青海油田尕斯油区压舱石工程先导示范区方案》成为第一个正式获得审查通过的百万吨压舱石工程试验方案。尕斯油区是中国石油千万吨“压舱石”工程的重要组成部分，这套方案凝聚了青海压舱石团队 40 多名成员的汗水和心血，方案审查通过标志着尕斯库勒油区的开发工作进入一个新的阶段。新的开发理念，科学的调整思路，行之有效的开发秩序，有力促进了青海油田原油上产稳产。

（三）干部挂职是实战型人才的培养方式

青海油田人信奉“真拼、真干、真英雄”。不到青海油田，就体会不到高原环境的严酷；不到花土沟，就无法真正理解油田人的伟大。来到油田，挂职干部和油田人穿同样的红工衣，吃同样的饭，一起熬夜加班，一起面对困难，一起承担压力。在这里，听了很多油田的老故事，潜移默化中，老一辈石油人筚路蓝缕、刀耕火种的创业精神深深地激励了挂职干部。油田人朴实善良、勤劳肯干的特质，让挂职干部深深地爱上了这里。一天天的奋战中结交了许多志同道合的战友，一个个问题解决后赢得了不同部门的信任，这些都为工作的顺利开展打下了良好的基础。对于挂职干部来说，体验油田人生活的苦、工作的难，认识到油田人的伟大，才能融入其中，才能让自己扎根，让先进技术扎根，让石油精神在自己心里扎根。

尕斯库勒油田采油一厂技术人手短缺，38 名地质油藏人员要管理 2400 口油水井，受限于工作量，油水井调整与管理难以实现精细精准，油田开发急需的全油藏井组分析，以现有人力和技术手段需要接近两年时间才能完成一轮。只有解决工作量这一核心痛点，才能给关键岗位充足的时间去做更重要的技术支持研究。

为了精准抓住问题，笔者首先深入一线跑井位跑井场，了解现场困难，学习了地面流程和单井运行维护的知识，逐步掌握通过污渍、异响、电流、振动、温度、声音、放油等综合判断抽油机工作状态和井筒流动状态的本领，通过与油区领导和负责技术的同志一道看曲线，逐步掌握了利用测井曲线认识储层判断水淹状况的本领，让地下油水驱替流动逐渐清晰地展现出来，逐步找到了尕斯井组分析问题的关键。

为了有效抓住问题，在精准认识井组分析难题的基础上，把现场实践与科研项目结合起来，关键参数认识与分析需求结合起来，团队组织人员编制了井组分析小程序，自动提取所需产量、压力、射孔、液面、产吸数据，并生成井组分析文件。软件程序的自动化提高了工作效率，提高了地质油藏人员的即时分析能力，破解了人手短缺的困局。

为了有力推动工作，获得充足人力支持，一方面逐级向采油厂、油田公司打申请扩充技术人员力量；另一方面向内发力，培养技术中心已有技术人员工作能力。为此，笔者将办公室从机关办公楼搬到了技术中心，与一线技术干部朝夕相处，把此前在研究工作中的积累和在不同油田调研中的所学所得，通过具体问题的讨论传递给大家。新技能、新方法、新力量的应用，大大提升了团队认识油田、调整油田的能力，逐步形成扭转油田开发形势的合力，形成了破解工作量困局的多方合力。

将勘探院科研工作者放置油田一线锻炼，通过解决实际问题，培养了全方位思考问题的能力，建立了多维发力解决问题的思维方式，养成了团结协作、攻坚克难的习惯，这些都为未来工作打下了良好的基础。

三、良性共生是勘探院长远发展可行之路

来到油田之后，在大型开发方案编制的关键节点上，置身于勘探院、油田开发处、油田研究院、采油厂等多家单位之间，挂职干部可以进一步厘清不同单位分工合作内容，找准不同单位出发点与核心关注点，有利于问题的解决，有利于派出单位工作的开展。经过这段时间的积累和思考，笔者逐步总结出“差异化研究，互补型攻关，协同性进步”的工作思路。

（一）发展趋势决定竞争性关系的基本面

从整体的发展方向和趋势来说，随着国家人才政策的鼓励和支持，高学历人员逐步由大中城市向小城镇扩散，不断补充完善各个专业方向的技术力量。随着通信技术、互联网与数据库的发展，技术交流和学习的壁垒逐渐降低，新技术的传播速度越来越快，再加上高校、科研院所的推动与引领，地方油田企业技术实力、更新能力和迭代研发能力越来越强。十年前，勘探院或者高校的科研人员到了油田企业后，可以发现明显的技术代差，可以轻松引领技术发展，但是随着油田自身研究能力的壮大，技术代差逐步缩小，甚至部分高校已难以赶上油田企业的研发能力。对研究院所和高校来说，技术输出逐步转变为劳务输出，研究院所和高校的引领地位必然会逐步下降。

20 世纪 80 年代前，勘探院处于绝对的技术超前地位，多项重大科研成果对生产实践的有力指导和引领，造就了勘探院的历史地位。近年来，勘探院创造了众多理论上的创新和进步，然而对于油田的影响力却随着油田自身研究能力的提升和部分方向科研工作的下沉开展而下降。其原因在于，勘探院距离生产实践过远，未能大幅度改善油田发展中遇到的实质性问题，或者虽然接近生

产实践，也解决了油田遇到的难题，但是并没有从根本上形成扭转局面的核心技术。

油田由于自身工作性质要求，注意力非常集中，对区块的了解和熟悉程度远超外部单位，对于数据变化的敏感程度也比较强，因此产生了很多反向指导的情况。例如，尕斯库勒油田的分层对比实质上是一个非常复杂的多解性问题，由于标志层缺失，层薄层多横向变化快，难以形成统一的地层对比认识，研究院、高校所做出的沉积旋回对比方式也在采油厂面临强烈的挑战。在这种情况下，采油厂没有办法一直遵从勘探院或者高校的分层对比结果。这就是地位反转的一个典型案例，高学历高研究水平不一定接得住油田现场的地气，这种学术争议产生的竞争性关系，必然是未来一段时间内勘探院与油田现场工作之间要面临的常态，也是实践出真知的必然结果。

（二）精细化分工产生合作共赢的基本盘

在来油田挂职之前，笔者对于各家单位之间研究内容的同质化有一定认识，但是这个认识还不够精准和精确。实质上，各家都在尽可能全面提升自己的工作能力，每家的侧重点与方向不尽相同，就某项具体工作来说依然存在差异，各自有擅长的地方。比如青海研究院开发所，对于水驱平面动用状况的研究有相对比较客观的平面驱替认识；采油厂长期从事射孔及后续评价分析工作，对于小层测井曲线识别水淹有自己独到的见解；勘探院长期从事高含水油田开发研究，熟悉全国各个油田区块生产实践历程与特征，在开发调整思路上和井网调整策略上具有较扎实的基本功。三家单位虽然都具有一定的研究基础和研究力量，但是所从事的和所擅长的仍然具有较大的差异，这种差异性给不同单位之间的深度合作提供了可能性。

在尕斯库勒压舱石工程推进过程中，三者之间的配合就是与各单位特长深度契合，采油厂负责小层分类研究与储层下限识别，结合单井状况与水淹编制上返调整方案，负责具体实施方案地质设计，为勘探院提供储层下限统计对象支持；油田研究院负责测井解释归一化，同勘探院共同完成整体方案编制与储层沉积研究；勘探院负责整体开发调整思路与射孔方案决策，提高工作效率的软件化工作，负责储层沉积与建模工作。这些分工将不同单位之间的配合度和依赖度体现出来，更好利用了优势，避免了相互之间的内耗，彼此之间业务层面的需求成为合作的坚实基础。

（三）协同进步反向要求科学研究提升

协同工作是不同单位配合的一种方式，也给勘探院发展提供了介入机会，但是对于勘探院长远发展需求来说，协同工作只是一种工作方式，中国石油的发展给勘探院提出了远超于此的要求，勘探院不能只作为参与者出现，更要作为引领者出现，要给油田勘探开发工作提出更长远的发展路线，形成革命性、引领性的技术，着眼点是未来，工作目标是国际先进。

勘探院在合作过程中必须具备技术输出能力，协同工作的过程是油田现场和勘探院相互交流帮助的过程，但更多的是油田现场技术提升的过程。也就是说，经历过数轮协同工作后，双方技术水平和研究方向会接近趋同，必然会倒逼勘探院进一步提升技术水平，从而保证勘探院在油田现场存在的必要性和重要性。

在油田挂职期间，从最开始的层系井网细分，到水驱开发二次调整、井距缩小、驱替方向转换、老井利用综合上返，再到均衡驱替的射孔策略，一步一步不断地思考和创新，成为挂职过程中创造介入机会的重要手段。与此同时，各方力量汇集、团结成为尕斯库勒压舱石工程方案编制的利器。“差异化研究”消除了不同单位间的矛盾，“互补型攻关”提高了效率，增加了团队攻坚克难的能力，“协同性进步”为技术进一步发展提供了充足的意愿与源源不断的动力。作为挂职干部，也在良好的生态环境中受益匪浅，个人的科研能力、组织协调能力、跳出问题思考能力都取得了长足进步。

四、小结

回想起当初与采油一厂王勇总一道爬上了英雄岭故道，俯瞰采油一厂全景。在那里，王总根据前期工作积累与近期思考，谋划了一厂重上 100 万吨产量的工作路径。此时此刻，面对脚下是 80 多部机组、20 多部钻机热火朝天的工作场面，笔者为之振奋不已，压舱石团队确定的每一个钻井井点、每一个措施层位，都将会在生产实践中经受检验。

挂职锻炼，让笔者深刻领略了石油人的奉献精神，从中汲取了无尽力量源泉。也正是在这里，科研的价值得到了升华。石油科技工作者勠力进取、攻坚克难的基因，为祖国找油献气的责任担当，激励着笔者勇于面对困难，与油田同志们一道，用智慧和汗水解决一个个难题，突破一个个困局，为尕斯库勒谱写出新的美丽华章。

在挂职锻炼的生产实践中成长

张喜顺

国家发展靠人才，民族振兴靠人才。2020年以来，集团公司明确提出建立并持续完善“生聚理用”人才发展机制，做到生才有道、聚才有力、理才有方、用才有效，为深入推进人才强企提供制度保障。中国石油勘探开发研究院积极响应国家的人才政策，认真落实集团公司人才强企工作部署，谋划实施人才强院“六大专项工程”，构建符合人才发展规律、契合科技工作特点的组织人事和人才工作体系，畅通人才成长发展通道。要做到人才强院，需要坚持人才是第一资源、学习是第一要务、实践是第一手段、创新是第一动力，学习、实践、创新必须有机融合在一起，挂职锻炼是“生才”有道的重要途径之一，引导优秀人才在实践实干中成长。此次挂职锻炼，组织根据笔者所学专业、研究方向、目前职位等情况，推荐笔者到长庆油田第五采油厂担任副总工程师，并制定了详细的实施方案。

一、挂职锻炼的意义及必要性

挂职锻炼是根据培养需要，有计划地选派技术骨干人才在一定时间内到上级、下级或者其他地区分公司担任一定的职务，参与实际工作并经受锻炼、丰富经验、增长才干、提升能力的人事交流活动。科研生产双向交流锻炼，可以加大人才跨单位、跨地区、跨专业锻炼力度，以科研项目、技术应用等为依托设置交流岗位，让科研单位人员深入生产现场，了解本行业、本领域的情况，进一步丰富科研单位人员的实践经验，增强跨部门、跨专业的沟通和协作能力；让生产企业人员了解科研攻关流程，促进技能和知识的交流与融合，进一步增强科技创新意识和创新能力。

（一）挂职锻炼是认真落实集团公司人才培养方案的重要措施

人才是企业发展之基，是企业健康有序发展最有力的生力军。戴厚良董事长在中国石油集团2021年领导干部会议上指出，要以习近平新时代中国特色社会主义思想为指导，坚持“两个一以贯之”，以工程思维推进落实人才强企工程，立足长远、系统谋划，助力集团公司人才发展迈上新台阶。同时，以全面提升人才价值为目标，健全完善“生聚理用”人才发展机制：生才有道，即要厚植人才成长沃土，营造人才发展环境；聚才有力，即要畅通人才来源渠道，构筑人才聚集高地；理才有方，即要严管和厚爱相结合，坚持激励与约束并重；用才有效，即要搭建良好用人平台，打造人尽其才好生态。破除人才交流壁垒，加强集团公司直属科研院所与油田公司技术骨干人才双向挂职培养，拓展人才技能和知识领域、促进多元化发展、增强综合素质、强化组织协调能力，是践行集团公司人才培养精神的重要措施，有助于世界一流综合性国际能源公司建设。

（二）挂职锻炼是深入实施勘探院人才强院战略的重要途径

勘探院立足高层次科技人才培养中心定位，始终坚持人才强院，把人才作为最宝贵的资源，建立健全源头培养、跟踪培养、全程培养的能力素质培养体系，实施人才素质提升“赋能计划”和本领提升“砺剑计划”，举办“云帆助力”“云杉成才”“青苗培养”“国际化人才”“青马工程”等定制类培训项目，选派一批青年人才到油田现场和海外项目中挂职历练，畅通科研院所与油田公司人才交流通道，不断优化技术和管理队伍结构，全力构建人才发展雁阵格局。目前的年轻员工大多学历高、接受过良好教育，成长过程比较顺利，毕业后就到勘探院工作，缺少现场实践经验，遇到困难挫折容易产生困惑、退缩推诿，缺乏斗争精神。因此，落实人才强院战略，首先要推进青年人才培养，让技术骨干到基层一线去锻炼，经风雨、见世面、壮筋骨，在攻坚克难中增长胆识和才干，增强责任感和使命感，不断为勘探院的发展壮大培育和选拔高素质人才。以笔者为例，从学校毕业以后一直在研究院工作，没有现场工作经验，对实际需求调研不到位、科学问题提炼不精准、技术方案编写不深刻、科技成果应用不够广，遇到困难存在畏难情绪，不积极主动解决问题，石油精神传承与弘扬不足，与建设一流研究院对人才的要求还有一定的差距，亟须到不同的岗位上进行锻炼。

二、挂职锻炼是学习、实践、创新的有机融合

挂职锻炼是一种以学习、实践、创新为核心的人才培养方式，通过在不同岗位上交流、学习和实践，既可以提高挂职干部理论素养和实践能力，增强沟通和协调能力，又可以提高团队合作意识和创新能力。“学习”体现在接触不同的专业和领域，了解他们的管理模式、工作方式和技术手段，从而扩大自己

的知识面和业务水平；“实践”体现在积极参与现场工作，深入了解所从事的行业，在实践中不断发现问题、解决问题，进而形成一套适合自己的工作方法和态度；“创新”是挂职锻炼的重要目标之一，通过了解现场的生产需求和管理经验获得启发和灵感，面对各种新的问题和挑战，从而激发创新能力。本次挂职锻炼的目的是推动思想进步、弘扬石油精神，扩大知识面、取长补短，提升业务素质和管理水平，培养现场实践和科技创新能力，同时发挥笔者在勘探院和长庆油田的桥梁优势，指导和参与完成姬塬油田采油工艺、井下作业、新能源开发等工程领域的年度任务目标，实现采油工艺技术水平逐年提升、管理流程更趋合理，油井生产管理指标向好。

（一）挂职锻炼有助于业务能力与个人素质的提升

干部的党性修养、道德水平，不会随着党龄工龄的增长而自然提高，也不会随着职务的升迁而自然提高，必须强化自我修炼、自我约束、自我改造。笔者挂职单位长庆油田油气资源禀赋差、自然环境恶劣、工作条件差，但是长庆人将爱国、创业、求实、奉献融入血液里，形成了忠诚担当、创新奉献、攻坚啃硬、拼搏进取的“磨刀石”精神。2022 年，采油五厂经历了严重的洪涝灾害，一个月内连续遭受 6 次强降雨，广大干部员工在困难面前团结一心，主动出击，积极应对风险，无一名员工因暴雨受困受伤，无一条管线被山洪冲断，无一个场站因洪灾长时间停运，超额完成各项生产指标，助力长庆油气当量突破 6500 万吨。2023 年年初，姬塬油区迎来新一轮降温降雪，采油五厂麻黄山西、麻黄山北区域遭受了极端覆冰灾害，十条供电线路受积冰严重载荷过大、风电线路倾倒压覆、搭接等影响，出现电杆倾倒、横担变形、导线断裂接地等问题，停井数上千口，给本就艰难的冬春换季生产造成严重影响。没有比脚更长的路，没有比人更高的山，通过不到 72 小时夜以继日地奋战，采油五厂电力系统全面恢复。笔者从身边这些平凡又伟大的故事中，汲取到人格的力量、精神的力量、奋斗的力量，内化为价值追求、外化为自觉行动。大庆精神（铁人精神）的传承与诠释，激励着青年人在困难面前主动出击，迎难而上，在风险面前积极应对，勇挑重担。

基层岗位历练，拓展专业知识。挂职锻炼的主要目的是拓展知识面和业务能力，提升解决实际问题的水平，是一个考验自我、战胜自我的过程，是“炼金”不是“镀金”，是“历程”不是“过程”，是“挑战”不是“享受”。基层是青年人才成长的沃土，面对艰苦的工作条件，要守得住贫苦、耐得住寂寞、经得住考验，学好真本领、练好真功夫。组织安排油田公司首席技术专家作为本人的科研指导老师，第五采油厂总工程师作为现场指导老师，主体培养方向为采油工艺技术，提升培养方向为井下作业工艺技术、新能源开发技术等。以采油五厂采油工艺研究所为例，是一个由 10 个组室 61 人组成的工艺技术团队，涉及采油工艺、注水工艺、井下作业、集输工艺、油田化学、安全环保、提高采收率、新能源、综合管理等业务方向，按照勘探院的业务划分横跨工程、开发、新能源等业务部，同时还包括规划总院、安全环保院等的业务内容。科室负责人有的是在作业区摸爬滚打成长起来的，有的是在多个岗位历练成长起来的，都是工程技术领域的大家，具有丰富的实践经验和协调能力。挂职要快速实现科研院所和生产现场的岗位角色转换，按照“干什么学什么，缺什么补什么，弱什么强什么”的原则，参加前指生产晨会、旬度生产经营例会，尽快熟悉和了解业务流程和工作内容；利用空闲时间学习相关的汇报材料、查阅文章文献，研读注水工艺技术、CCUS（碳补集、利用与封存）技术、井下作业技术等专业书籍，补充缺少的理论知识；加强生产现场跑面，熟悉工作对象和管理环节，做好地质一工程统筹谋划、科研一现场协调一致。

（二）挂职锻炼有助于科研理论与现场实践的结合

发挥科研院所优势，服务油田生产一线。勘探院属于中国石油的领军研究单位，突出以研发为主的定位，形成了完整的理论体系，自主研发了一系列专项特色技术，具有独特的理论构建和技术研发优势，可以为油田提供技术支持和咨询服务。如何紧密结合生产现场，解决油气田勘探开发中的关键问题和科学难题，真正把理论成果应用于生产实践是挂职锻炼的初心使命。采油五厂油井泵挂深、地层水矿化度高，井筒结垢、偏磨、断脱等问题突出，作业频次居高不下，面对安全生产和效益稳产的巨大压力，如何降低油井作业频次成为现场工艺技术人员急需解决的难题。坚持以问题为导向，加强现场调研，核实每口油井的故障原因和井史台账，在查阅大量静、动态资料后，对每一口高频井进行问诊、把脉、开药，坚持“一井一方案”个性化制定每口井的优化方案。通过对故障原因分类统计和大数据分析，总结了六类 12 项问题。针对这些问题，发挥自身科研理论优势，找准工作方向，制定井筒治理工作意见；定期召开井筒分析会，学会用大数据说话，找准检泵原因；将勘探院自主研发的油气井生产智能优化决策软件 PetroPE 引进采油五厂，用于提升油井优化设计水平，指导相关技术人员进行软件操作；提出井下工具改进方案，优化扶正块数量与位置提升防偏磨能力，加长防垢泵柱塞长度提升防垢水平；现场试验拉杆抽油泵等新工艺新技术，预防杆管偏磨。通过协作共治理高频作业井 279 口，其中作业频次 3 次以上的高频井总数量由 47 口下降到 26 口，减少了 45%；2022 年油井作业频次降至 0.48 次/井，比 2021 年下降了 0.03 次/井，减少作业160井次，节约成本300余万元。

聚焦现场技术难题，推动科研生产融合。科研与生产是相辅相成、密切联系、不可分割的，生产实践中提出关键技术问题，形成科研课题；科研成果只有用于生产中，才能真正发挥其价值，促进生产不断发展。但现实中科研与现场有许多脱节的地方，科研往往需要在一定程度上简化或者抽象研究对象，对现场的环境、条件和限制了解的不深入导致理论成果不符合实际情况而难以落地。另外，科研更关注学术成果，而非现场实际应用。理论来源于实践，只有把论文写在油田生产第一线，把研究成果应用到服务油田中，才能破解科研生产"两张皮"的问题。公司日产液量小于5方的油井有9万多口（占开井总数50%），其中长庆油田低产液井4.5万口，机采系统效率不足13%，生产能耗居高不下、精益生产面临严峻挑战，成为降本增效主体。随着国家"双碳"目标的提出，公司提出"绿色低碳、高质量发展"战略，长庆油田全面贯彻新发展理念，全方位全过程推进新能源建设，采油五厂勇当长庆绿色发展"排头兵"，打造了集节能降耗、光电、地热、伴生气回收、碳汇林建设为一体的姬塬油田绿色低碳新能源综合利用示范基地。结合勘探院的业务范围，通过跑现场、听汇报、询专家、阅资料等方式，重点熟悉了长庆油田低产液井智能间开、光伏建设等工作内容，2022年采油五厂实施间开2700口，平均单井节电33.5度，累计节电1585万度；打造五个清洁电力项目，装机功率115兆瓦，年发电量2.06亿度，年替代标煤6.31万吨，减排$CO_2$16.52万吨。同时，加强与中国石油各油田机采人员交流，分析集团公司低产低效油井状况，发现间抽井存在以人工间开方式为主、智能化程度较低、间抽技术应用界限不明确、风光绿电未有效利用及配套保障措施不完善等问题，影响技术应用效果，制约间抽技术进一步扩大应用。在此基础上，笔者撰写了决策参考《关于加快推进低产液井绿色智能间抽技术应用的建议》，提交公司总部；协助油气和新能源分公司编写《低产液井间抽实施指南》，下发到16家油气田；发表SPE论文1篇。目前，全公司间抽井总数达到6.2万口，其中智能间抽井约2万口，平均系统效率提高3.2个百分点，累计节电约3.5亿千瓦时。

（三）挂职锻炼有助于生产需求与科学问题的提炼

加大调查研究，总结生产需求。调查研究是一种科学的、系统性的方法，用于收集和分析信息并揭示事实真相，可以帮助科研工作者更深入地了解某个特定的问题或主题，并为方案制定、优化决策、现场实施等提供有效支持。通过调查研究可以获取一定的数据来反映实际情况，了解油田现场的真实问题与需求，寻找解决问题的方案，为决策者提供影响其决策的因素和变量的相关信息，帮助他们做出明智的决策，还可以提供可靠的数据和证据用来支持论点和观点。采油生产是一个复杂的系统工程，机采系统拥有数千米传动链，集油藏供液、井筒排液、设备抽汲、井口集输为一体，涉及渗流、管流、机械、自动化等多学科，只有加大一线调查研究力度，以现场实际问题为出发点，才能真正让科研成果转化为现场技术进步的动力。近年来，随着油气勘探由浅层向超深层、由中高渗向低渗超低渗、由浅海向深海、由常规向非常规进军，油气井生产面临着更多的技术壁垒和挑战难题。深层、超深层和非常规成为增储上产的主体，大力发展深层超深层、页岩油气资源的开发技术，是端好石油和天然气饭碗的重要组成部分，但以深井、平台井为主要建产模式，平台井以定向井和水平井为主，井眼轨迹越来越复杂，由浅向深、由一维向三维转变。据统计，中国石油当前有效举升高度仅 2500 米，而油气井已向万米深井发展，塔里木盆地富满油田的果勒 3C 井井深已达到 9396 米，每年新增油井中斜井占到了 75%。同时，面临高温、高压，大载荷疲劳、偏磨等复杂工况，杆管泵和工具失效问题加剧，长庆页岩油井检泵周期仅为常规井的 45%，保障注采井筒安全长效生产成为深层、非常规增储上产的关键。

提炼科学问题，设立攻关课题。在总结生产需求的基础上，从抽象的现实问题提炼出科学问题，要具有几个特征：问题具有一定的普适性；问题是新的或是老问题在新形势下产生了新的变化；已有的技术方法不能解决，需要攻关新方法。著名科学家与哲学家波尔曾经说过：“准确地提出一个科学问题，问题就解决了一半。”爱因斯坦也曾指出：“提出问题往往比解决问题更重要，因为解决一个问题也许仅仅是一个数学上或实验上的技能而已。而提出新的问题，新的可能性，从新的角度去看旧的问题，却需要有创造性的想象力，而且标志着科学的真正进步。”油田现场深井、斜井条件下，注采杆管柱为超大长径比（>300000）的细长三维动态系统，非线性井眼、非稳态温压场和非稳定流场共同作用的复杂效应突显，常规一维、二维、三维静态模型无法精准描述和动态表征，不适用于深斜井、平台井等复杂条件，需建立高温高压多因素耦合杆管工具三维动力学模型；同时由于对井下受力认识不清、失效机理不明，面对深井及万米超深井，亟待突破考虑非线性接触、振动疲劳、腐蚀等因素的工具失效机理，形成复杂条件井筒三维动态实验技术与平台，支撑深井斜井高效长效注采新工艺新技术的研发。在明确研究目标和主要研究内容的基础上，在公司“十四五”基础性前瞻性科技专项《复杂工况高效注采理论与新方法研究》中设置了攻关课题《注采井筒三维力学模型与工具失效机理》。

三、小结

人才是国家强盛的基础和根本，是企业高质量发展的内生动力，是勘探院改革创新的宝贵财富。挂职锻炼是践行人才强企、人才强院的重要举措，必须坚持人才是第一资源、学习是第一要务、实践是第一手段、创新是第一动力，通过学习、实践、创新的有机融合，培养造就专业知识扎实、实践经验丰富、创新能力突出、综合素质全面的青年人才，为中国石油勘探开发研究院建设成为世界一流研究院提供有力的人才保障。

以技术优势支撑冀东油田致密气开发建设

王国亭

当前，世界百年未有之大变局加速演进，新一轮科技革命和产业变革突飞猛进，科学技术和能源行业的发展加速渗透融合，全球能源格局调整进一步深化。面对全新的挑战和激烈的竞争，能够在关键核心领域培养出杰出人才是确保企业长期生存发展的关键，是实现人才强院、建成世界一流研究院的有力保障。挂职锻炼是培养杰出人才的探索尝试，本文深入分析挂职锻炼的意义和必要性，从指导科学建产、促进煤系气藏理论技术升级、加速致密气藏开发学科建设、提高个人综合素养等方面，系统探讨挂职实践在人才强院和人才培养中的重要作用。

一、挂职锻炼的意义与必要性

集团公司贯彻落实中央人才工作会议精神，深入推进人才强企工程，全面完善青年科技人才全链条培养制度，着力打造战略人才力量，扎实推动“人才队伍接替专项工程”。在深入调查56家单位青年人才队伍建设情况的基础上，制定形成了《“青年科技人才培养计划”实施方案》。人才培养计划的主要任务是培育领军人才的接续力量，以提升青年人才能力素质为目标方向。在总结“十三五”青年科技人才队伍建设工作的基础上，坚持放开视野选人才、不拘一格用人才。人才培养计划突出创新导向，强化人才选拔管理，聚焦地质勘探、油气田开发、油气井工程、石油炼制、石油化工、物探、测井等重点专业领域和新能源、新材料、新一代信息技术等战略新兴领域。人才培养将重点围绕关键核心技术领域和生产技术需求，通过精准发力实现人才培养措施的丰富和完善，通过注重分级分类培养和拓宽人才培养渠道实现育人机制的完善协同，通过深入开展人才双向交流和优化成长成才环境形成人才成长的畅通通道。

勘探开发研究院是集团公司上游业务最重要的研发支撑核心，为落实集团公司业务发展需求、顺应世界能源行业发展趋势，加快自身高质量发展，确定了人才强院战略。锚定建设世界一流研究院总目标，强化实施人才强院、技术立院、文化兴院和开放办院“四大战略”，以工程思维全力推进组织体系优化提升、石油科学家锻造、创新团队汇智、领导干部培养选拔、超前紧缺与国际化人才集聚、考核分配机制深化改革等“六大专项工程”，坚持人才是第一资源，完善“生聚理用”人才发展机制，推进人才梯队建设，加快“高精尖缺”人才培养，全面提升人才队伍的行业话语权、技术决策权和专业化引领水平，着力打造人才智力新高地。为积极提速青年人才成长步伐，强化实践锤炼，建立了勘探院和油田企业双向挂职培养制度。青年人通过在油田现场的挂职历练，实现自身能力水平的大幅提升。

挂职锻炼是贯彻落实中央人才工作会议精神的具体行动，是新形势下落实集团公司青年科技人才培养计划的有效探索，也是落实人才强院战略的重要实践。勘探院是油气勘探开发领域的顶级研究机构，具有先进的油气勘探开发理论体系和系列核心关键技术，同时具有强大的专业技术人才培养能力。

在前往油田挂职锻炼之前，很多人已在勘探院学习、工作了较长时间，拥有系统的勘探开发理论知识体系，具备丰富的研究经验和技术积累，在各自领域取得了系列重要认识。长期的油田现场靠前支撑也让他们对目前勘探开发理论技术现况与瓶颈难题有了深入了解。

到油田挂职锻炼，能够让他们充分施展才华，将勘探开发研究院先进的理论技术成果更深入地与现场实践相结合，从而产生立竿见影的效果。同时，油田现场的需求是多方面的、是持续深入的，深入现场能了解到更多深层次的问题和矛盾，挂职锻炼也能让我们更直接地感触到目前勘探开发理论技术的适用性和局限性，通过理论与实践的紧密结合更有效地促进理论技术的升级换代，推动勘探院高质量发展，实现人才强院目标。挂职锻炼是助推研究院实现人才强院目标的有力实践，是支撑油气勘探开发理论技术升级换代的重要举措，为集团公司的高质量发展提供强力支撑。

二、指导冀东致密气藏科学建产

在前往冀东油田挂职之前，笔者在勘探院已学习工作 12 年，主要从事鄂尔多斯盆地低渗、致密气藏开发相关的研究工作，涵盖苏里格、神木、榆林、子洲、米脂等气田，重点开展开发方案编制、提高采收率技术对策、开发地质评价等方面的研究工作，具备较为丰富的低渗、致密气藏开发相关的知识经验，系统掌握富集区优选、储层精细地质建模、关键开发指标论证、开发政策制定等关键技术，并主导完成了苏里格、神木等特大型、大型气田重大开发调整方案的编制。同时，通过与长庆油田开展科研合作，对气区天然气开发相关的迫切需求也有深入了解。2021 年之前，冀东油田上游业务是以渤海湾北部沿海区带石油勘探开发为主体，后因集团公司内部区块流转，位于鄂尔多斯盆地东部神木气田勘探开发范围内的佳县、神木两个区块划转给冀东油田，致密气藏的勘探开发随之成为冀东油田上游领域的新业务类型。由于没有致密气藏勘探开发领域的人才和技术储备，冀东油田对勘探开发研究院的挂职锻炼部署非常欢迎，这也为研究院多年的致密气藏开发知识技术储备提供了新的施展舞台。

刚刚到岗，马上感受了致密气繁忙的开发建设节奏，同时更感受到了巨大的压力和挑战，主要表现在四个方面：一是首批投产气井试气效果不及预期，大家对气井生产能力是否能达到方案设计指标、气田能否实现效益开发信心不足；二是总部投资未能及时到位，是否能继续申请到总部后续投资心里没底；三是致密气藏开发人员严重紧缺，井位论证、地质设计、产能方案、汇报总结等多项工作紧锣密鼓，开发思路不畅增加了大量的非必要工作，原本不够的人力资源进一步捉襟见肘；四是目前只有初步开发方案，仅能申请到建产期适量投资，需要马上启动编制正式开发方案，科学合理论证关键指标并尽快完成以支撑后续投资申请。油田公司各级领导、专家都迫切想知道气井真实产能、气藏能否实现效益开发，这关乎油田公司的未来发展命运，意义非常重大。

结合挂职岗位安排，针对油田公司迫切需要迅速开展了以下五项重点工作，提升了致密气开发的信心，指导了复杂致密气藏的科学建产：一是针对首批投产井试气不及预期的问题，迅速开展系统排查，确定关键矛盾是地质储量问题、储层改造问题，还是施工管理问题，经过深入研究后确认气藏资源基础没有问题，家底是确实存在的，原方案设计的富集区储量基础是靠实的，本溪组常压气藏具有突出的产气能力，可充分夯实储量基础，同时以试验差气层为目的的产能测试，不能代表气井的真实产能；二是针对气田开发早期动态资料有限、气井产能指标准确预测难度大的突出问题，深入挖掘仅有的测试资料，创建多方法深度融合的气井早期产能评价方法，论证确定了气井的合理首年日产和平均 EUR，可达到目标收益指标，论证结果增强了总部的投资决策信心，顺利申请到了年度后续投资；三是针对开发人员力量不足的问题，详细剖析开发思路方法，通过理顺开发部署思路大幅减少了不必要的探索成本，直接锚定关键问题，大量节省了时间，提高了攻关效率；四是支撑“两步走”开发方案编制策略，形成了整体编制和分区编制共同推进的思路，采取“1 大区＋9 小区”的联合编制方法，满足了油田公司层面的规划部署要求，也满足了板块层面认识成熟、循序开发、分区申报的要求，有力支撑了关键开发指标的精细论证。

目前，冀东油田致密气开发区陆续投产的气井初期产量均达到了方案设计水平，表现出良好的生产效果，产能开发建设部署稳妥推进，开发地质评价研究持续深入开展，开发方案编制工作按时间节点有序推进。需要指出的是，冀东油田致密气开发仍处于探索实践阶段，未来仍会面临系列重要问题，紧密依托勘探开发研究院这个坚强后盾和智力源泉，定能实现突破发展。挂职锻炼切实发挥了勘探开发研究院在致密气开发领域的技术优势，有力推进了冀东油田致密气的开发建设进程。

三、促进煤系气藏理论技术升级

鄂尔多斯盆地发育多种气藏类型，目前的勘探开发理论技术重点聚焦于砂岩气藏、碳酸盐岩气藏及浅层煤层气藏。砂岩气藏主要包括低渗气藏和致密气藏，低渗气藏以榆林、子洲气田为代表，致密气藏以苏里格、神木、米脂等气田为代表，碳酸盐岩气藏以靖边气田为代表的岩溶风化壳气藏为主体。深入油田挂职，可及时了解并掌握最近的勘探开发实践进展，及时促进煤系气藏勘探开发理论技术的升级，体现在以下三个层面。

（一）促进鄂尔多斯盆地东部多层致密气藏开发技术升级

冀东油田天然气开发区块主体位于鄂尔多斯盆地东部，临近盆地东缘晋西挠折构造带，致密气藏具有“薄、小、散、强”的特征，地震预测技术、测井准确识判、开发部署对策都亟需系统升级。“薄”是指有效储层厚度薄，有效单砂体厚仅 1.9 米，苏里格地区平均为 3 米；“小”是指有效储层长、宽规模尺度有限，井间连续性、连通性差；“散”是指分布状态项以纵向分散发育为主，集中性很差；“强”是指非均质性，横向分布极其不稳定，短距离内突变减薄或消失。受上述气藏地质特征的影响，有效储层预测难度极大，基于二维地震资料开发目的层静态 I+II 类井的比例低于 50%，随着三维地震资料深入应用，I+II 井的比例明显提高，但仍存在较大的部署风险，亟须升级以黄土塬地貌、煤层遮挡地层为瓶颈的三维地震预测技术，以有效支撑富集区优选和提升高产气井比例。测井准确识别方面存在突出问题是：测井解释精度严重不足，大量存在差气层，给地质认识、储量评价、压裂施工带来较大挑战，亟须完善盆地东部多层致密气藏测井准确识判技术，以回答差气层是否真实有效的问题和储量基础问题，意义十分重大。开发部署层面，以苏里格气田为代表的开发部署技术侧重井网优化、整体部署和提高采收率等层面，上述技术的应用以相对高品质致密气储量为基础，但盆地东部有效储层突变快、平面分布极不均衡，上述技术难以直接应用，整体式部署存在巨大风险，亟需优化升级现有的开发部署技术方法，真正实现精准部署、指哪打哪。上述关键问题为勘探院致密气藏开发技术的升级提供了良好机遇。

（二）促进鄂尔多斯盆地深层煤岩气勘探开发理论的创建

鄂尔多斯盆地气源岩主要为含煤地层，砂岩气藏、碳酸盐岩气藏及煤层气藏本质上都属煤成型气藏，具有相同的气源岩体系。回顾不同类型气藏的勘探开发历程可知，早期以砂岩气藏和碳酸盐岩岩溶气藏为主，陆续扩展至致密灰岩、铝土岩等复杂岩性气藏，后续又扩展至深部气源岩本身，勘探开发实践不断突破传统理论认知。当前以本溪组 8 号煤层为代表的深部煤岩气的勘探开发正如火如荼地进行，配套工程技术攻关正紧锣密鼓地开展。以前本溪组煤层仅作为地层对比标志层存在，难以想象这样的深部煤层竟然蕴含着巨大的天然气储量，含水饱和度极低，储量丰度在 2 亿方/km^2 以上，这突破了传统认识。一旦相关技术获得突破，鄂尔多斯盆地天然气的产量有望实现翻番。

深部煤岩气的勘探理论和关键开发技术正处于加速攻关期，存在很多尚未解决的重大问题，亟须将勘探开发研究院的智力和资源优势深度融合到鄂尔多斯盆地深部煤岩气藏开发历史进程中。勘探理论方面，煤层分布规律、煤岩结构特征、煤层含气特性及赋存机理、富集规律及资源潜力等系列重大问题需深入研究。开发技术方面，开发井网、气井关键指标、复杂介质渗流机理及开发技术政策等亟须探索论证。储层改造方面，改造规模、压裂段数、压裂液体系等亟须深入攻关。目前全世界范围内尚无深部煤岩气规模效益开发的先例，这给勘探院新理论技术的创建和引领带来难得的历史机遇。

冀东的挂职实践使笔者深深感受到油田同事们不断突破自我、不断尝试新领域、不断学习进步的精神，让人备受鼓舞。在精心谋划与科学部署下，冀东油田部署的首口深部煤岩气井获得重大突破，气井水平段长度突破 2000 米，是目前最长的煤岩气井，表现出优异的气井产能。在勘探院的支撑下，编制完成了冀东油田首个深部煤岩气的试采方案。在未来一段时间，深部煤岩气的勘探开发将会是气藏勘探开发领域最具潜力的存在，为深层煤岩气勘探开发理论的创建创造了难得的机遇。

（三）促进鄂尔多斯盆地铝土岩、致密灰岩、含水气藏等新领域的突破

以煤系地层为主要源岩的多类型气藏共同组成了鄂尔多斯盆地复杂的含气系统，勘探开发实践表明，各种岩性皆存在形成气藏的可能。近年来，陆续发现了本溪组铝土岩、太原组灰岩、马五盐下丘滩体等气藏类型。铝土岩气藏作为一种新的气藏类型，又一次打破了传统认知，太原组致密灰岩气藏、马五盐下丘滩体气藏进一步丰富了鄂尔多斯盆地碳酸盐岩气藏的类型，未来勘探开发潜力亟待深入研究以争取新的突破。在冀东油田致密气矿权区内，上述特殊岩性气藏都有发育，这为新的勘探开发理论的创建创造了机遇。同时，冀东油田神木开发区块发育含水致密气藏，目前尚处于开发早期阶段，这也为勘探院含水致密气藏开发技术的应用、检验和优化完善提供了良好平台。

四、加速学科建设提高综合素养

挂职锻炼之前，冀东油田致密气开发领域的人才和技术储备相对薄弱，需要持续向勘探院、长庆油田等单位学习，开发地质研究、气井产能评价、开发方案编制等各项工作在摸索中开展。笔者将勘探院致密气藏开发多年的理论技术沉淀和宝贵经验与油田分享，通过携手攻关、技术培训、学科讨论形式，实现了天然气开发团队由弱到强、由小变大，快速促进了天然开发学科建设，提高了对生产的支撑作用。在地质评价方面，通过沉积体系、储层特征、精细解剖、储量评价、富集优选等线条式分享，让地质人员深入掌握致密气开发地质研究的核心，能够迅速抓住地质问题的关键。动态分析方面，通过开发机理、渗流模型、递减规律、配产论证、产能分析等切入式解析，让动态人员彻底通晓致密气井产能评价的要点，能够快速高质量完成相关工作。基于协同攻关、分区负责、重点指导的方式，冀东油田天然开发团结已经具备了致密气藏开发方案编制的能力。挂职锻炼大幅促进了冀东油田天然气开发的学科建设，可为未来致密气持续开发提供有力支撑。

同时，挂职锻炼也大幅提高了笔者自身协调管理、组织实施、学科建设等多方面的综合能力。油田现场的生产组织以多单位、多专业联合为主，彼此紧密衔接、有序实施、严格按时推进。不仅要做好自己，还需要与作业区产量运行安排有机结合，与钻采、地面、经济、规划等专业有效沟通，与油田公司的部署和产量任务协同一致，工作实效性很强。通常是“电话铃声不断、部署优化至夜半、周末继续奋战”的状态。这在很大程度上促进了笔者组织、沟通和管理能力的提升，具备了在重压下开展工作的能力，全方位提高了自己。

五、小结

挂职锻炼是贯彻落实中央人才工作会议精神的具体行动，是新形势下落实集团公司青年科技人才培养计划的有效探索，也是落实人才强院战略的重要实践。冀东油田的挂职实践切实发挥了勘探院在致密气开发领域的技术优势，有力支撑了冀东油田致密气的开发建设。现场实践可有力促进勘探院煤系气藏勘探开发理论技术的升级，深层煤岩气的探索将给勘探院新理论技术的创建和引领带来难得的历史机遇。挂职锻炼大幅促进了冀东油田天然气开发的学科建设，同时挂职干部自身综合素养也在理论与实践的结合中得到完善和提升。

聚焦基础研究　指导生产实践

张　斌

挂职制度可以不断拓宽勘探院干部培养和实践锻炼的渠道，丰富干部阅历，提高干部的工作能力和水平。同时，又能有效地将科研人才与最需要先进人才的，尤其是急需破解生产难题的基层单位对接，为促进油气田企业发展发挥重要作用。

一、现场挂职的意义

为深入贯彻落实集团公司决策部署，加强勘探院干部队伍建设，提升干部工作积极性、主动性和创造性，拓宽干部培养和实践锻炼渠道，推进年轻干部跨单位、跨领域、跨专业交流挂职，勘探院制定了《中国石油勘探开发研究院交流挂职锻炼管理办法》，并选派一批年轻干部到油田现场挂职锻炼，取得了良好成效。

（一）人才发展是集团公司技术创新的源动力

中国石油集团作为特大型中央企业，肩负着保障国家能源安全的重要使命。我国石油工业正面临着前所未有的挑战，石油和天然气进口量逐年攀升，中国能源大数据报告显示，2022 年我国石油表观消费量约 7.19 亿吨，其中国内原油产量达到 2.05 亿吨，进口原油 5.14 万吨，占石油消费总量的 71%；2022 年我国天然气表观消费量达到 3663 亿立方米，其中国内天然气产量达到 2201 亿立方米，进口天然气 1462 亿立方米，占天然气消费总量的 4%。多数石油和天然气的进口都存在着重大的能源供给和运输安全隐患。习近平总书记十分关心中国石油工业的发展，做出“加大国内油气勘探开发力度，保障国家能源安全”的指示要求。2021 年 10 月 21 日，习近平总书记在考察调研胜利油田时强调：“石油能源建设对我们国家意义重大，中国作为制造业大国，要发展实体经济，能源的饭碗必须端在自己手里。”石油工业是一门技术门槛很高的行业，素有“上天容易入地难”的说法。要实现油气勘探开发重大突破，必须突破制约以深层和非常规为代表的油气勘探开发新领域所面临的一系列瓶颈技术，而攻克这些关键的核心是人才的培养和使用。中国石油集团十分重视人才发展，大力实施人才强企工程，着力完善“生才有道、聚才有力、理才有方、用才有效”的人才发展机制。为深入贯彻落实中央人才工作会议精神，集团公司宣布2022年为“人才强企工程推进年”，积极部署人才强企行动方案，采取有力举措加快推进人才强企工程实施。

（二）现场挂职锻炼是人才强院的有效途径

中国石油勘探开发研究院（简称勘探院）是中国石油集团面向全球石油天然气勘探开发的综合性研究机构，肩负着为中国石油集团上游业务发展提供智力支持的重要使命。戴厚良董事长指出，勘探院要突出以研发为主的定位，率先建成世界一流研究院，成为全球领先的油气和新能源开发利用最佳解决方案提供者；勘探院要健全完善人才“生聚理用”和干部“选育管用”机制，大力发现培养选拔优秀年轻干部，着力锻造政治坚强、本领高强、意志顽强的高素质专业化干部队伍，着力抓好科技人才队伍有序接替。为贯彻集团公司人才发展要求，勘探院确立了人才强院战略目标，不断夯实人才培养根基，打造人才发展高地。勘探院拥有一大批高学历、高素质的科研人才队伍，这是勘探院最宝贵的资源。但是，部分研究人员特别是年轻人较长时间在高校或研究院所学习和工作，基础知识扎实，理论功底深厚，油田现场实践经验却相对欠缺，而石油勘探与开发又是一门实践性极强的应用学科，只有深入实践才能真正了解勘探生产需求。因此，丰富年轻人现场工作经验、掌握现场工作需求、提升现场工作能力、推动科研成果向勘探生产应用转化就成为勘探院人才培养的一项极其重要的工作内容。推动年轻干部现场挂职是实施人才强院这一重大战略的有效途径，对于提升专业技术水平和管理能力具有重要的意义。

二、现场挂职锻炼实践

在勘探院党委和大庆油田共同推动下，勘探院与大庆油田勘探开发研究院（简称大庆研究院）互派年轻干部到对方单位挂职锻炼。笔者非常荣幸来到大庆油田，担任大庆研究院副总地质师。大庆研究院根据笔者的专业背景和之前从事的工作，结合油田需要，为笔者安排了现场指导老师即国内知名的石油地质实验技术专家冯子辉教授，并明确了职责分工，主要是协同冯子辉首席专家做好实验技术研发、以川渝为重点的页岩油相关工作。本文结合笔者三个多月现场挂职的工作实践，谈一下收获和体会。

（一）基础理论研究对勘探生产的指导作用

在勘探院，笔者主要从事石油地质基础理论研究工作，因此这次现场挂职所关注的焦点就放在如何发挥基础理论研究在生产中的应用，开展了以下三方面工作。

1. 基础研究指导川渝页岩油勘探选区

“十二五”期间，笔者参与了西南油气田主导的“四川盆地侏罗系石油勘探开发关键技术研究”项目，主要是对侏罗系石油资源潜力和勘探前景进行合理评价，回答立项之初提出的“四个重新认识”的首要问题——重新认识侏罗系石油资源潜力。在这个项目支持下，项目团队对全盆地内的侏罗系烃源岩形成条件、有机质丰度、生油气模式等开展了系统研究，编制了系列图件，为后期页岩油勘探奠定了重要基础。在勘探院的帮助下，大庆油田钻探了平安1风险井获得了日产原油112.8立方米、天然气11.45万立方米，揭开了四川盆地侏罗系页岩油勘探的新篇章，大庆探区在四川盆地页岩油勘探进入快速发展阶段。大庆油田组织研究人员对该地区烃源岩进行重新刻画，开展了大量分析测试，编制了系列图件，较之前的认识更加精细。但是，受资料限制，对区域地质的认识还有待进一步完善。笔者将项目团队“十二五”期间的研究成果与油田进行了讨论，提出三方面认识：一是四川盆地侏罗系至少发育三套较好的烃源岩，都具备页岩油勘探潜力。除了目前获得的凉高山组外，自流井组大安寨段和东岳庙段都值得高度重视。凉高山组发育多个泥岩段，除了本次获得高产油气流的层段外，其顶部也发育一套高有机质含量的烃源岩，同样值得关注。二是这三套烃源岩的生烃母质都是水生生物，但由于水体相对较浅，环境偏弱氧化，总有机碳含量并不高，形成的有机质类型偏差。有利的是这类烃源岩生成的烃类以小分子为主，油质偏轻，流动性强。三是源内原位生成的油气数量不会太高，而易于流动的特点和活跃的构造背景决定了油气经历了一个短距离的运移和聚集过程，页岩油不同于原地生原地储的古龙页岩油，需加强油气聚集成藏条件和过程的研究。上述认识，对于转变大庆探区页岩油勘探思路、明确勘探甜点层段具有重要的指导意义，部分意见在油田基础研究和风险井位论证中得到采纳。

2. 基础理论研究指导古龙页岩油勘探

不同于北美海相或国内其他盆地陆相页岩，古龙页岩具有页理发育、黏土含量高、纳米级孔隙、流动性及可压性差等特征。受益于较高的地温梯度，古龙凹陷青一段有机质达到高成熟阶段，油质轻、气油比高，具备高熟页岩油规模开发潜力。页岩油甜点评价标准的厘定、单井EUR预测存在不确定性及规模效益开发配套技术欠缺是古龙页岩油勘探开发目前面临的主要挑战，古龙页岩油成为近期国内研究的热点。作为刘合院士古龙页岩油地质－工程协同研究团队成员，笔者所在的攻关团队取得了一些研究成果，对古龙页岩油的下一步勘探有一定指导作用。具体包括以下三方面：一是通过大庆长垣原油与古龙凹陷页岩油对比发现，二者在油气性质上存在显著差异，表明古龙凹陷页岩后期生成的高成熟度轻质油并未运移至古龙凹陷，而是大部分滞留在源岩体系中。也就是说，古龙凹陷滞留的烃量多，古龙页岩油的资源潜力巨大，奠定了“在古龙凹陷找大庆”的资源基础。二是对古龙页岩含油性评价方法研究。由于古龙页岩油密度小，易挥发，常规取心分析会因为轻组分的大量散失导致含油量测试结果偏低，低估了页岩含油性；即使使用保压取心样品，在分析过程中也难免会造成岩石的降压暴露造成轻组分散失。项目团队应用质量平衡法对轻组分含量进行恢复，确定岩石含油量。该方法测试结果与现场保压岩心测试结果基本一致，对放置时间较长、岩石烃类组分散失程度较高的样品仍然适用，可为油气潜力评价和有利层段优选提供关键参数。三是有机质丰度、含油气性以及油气组成都在纵向上表现为旋回特征，这一认识对于建立青山口组细粒沉积格架建立、古地貌恢复及沉积环境研究具有重要的指导作用。

3. 基础实验指导古龙页岩油地质工程一体化研究

勘探实践证明，如果没有增产改造措施，页岩中的油气几乎没有自然产能，人工压裂是获得油气产量的必要手段。但由于黏土矿物含量高，地层偏软，给压裂工艺带来了前所未有的挑战。在油田公司组织召开的技术交流会上，与会领导和专家提出页岩油开发工程存在五方面问题，亟须开展实验分析，为压裂工艺提供科学依据。问题1：油基泥浆对岩石的伤害实验，油基泥浆能在多大程度上侵入页岩层系中，在开发条件下又有多少能返排出来？问题2：压裂过程中的储层物性变化情况，即多大的支撑剂（石英砂）粒径最为有利？问题3：压裂液与页岩的反应及其对储层物性的影响，看黏土矿物与压裂液有没有反应，对物性有何影响？问题4：全尺度孔径表征与可动性评价，确定不同孔径的占比，其中哪些孔页岩油能动？问题5：焖井时间的确定，即压裂液进入地层后，保留多长时间能达到平衡？为了回答上述问题，笔者与实验技术人员一起开展了一系列实验。通过实验项目团队发现，页岩在干燥条件下并非如同想象的那样表现为“软”岩相，其硬度足以支撑地层形成高导流能力渗透层，在足够高的应力作用下甚至可以将石英砂压碎。研究团队还开展了油气开发过程中的油气水动态监测实验，通过不同生产阶段油气水性质分析，结合生产曲线变化规律，研究地层中的流体和孔隙结构变化情况。

（二）生产实践对石油勘探开发基础理论的发展和完善

石油地质是一门应用学科，理论的发展和完善都与实践密不可分。独具中国特色的陆相生油理论是伴随着油气勘探的发展而逐步形成的，大庆油田勘探为陆相生油理论提供了重要的实践场所，为这一理论的发展和完善作出了突出贡献。如今，松辽盆地进入非常规油气勘探开发阶段，新的进展必将进一步推动油气地质与开发基础理论发展。

1. 古龙页岩油勘探为非常规油气地质研究提供实践场所

页岩形成于深水环境中，粒度极细，储集物性差，传统石油地质对其研究非常有限。随着非常规油气勘探的深入，细粒沉积逐渐成为沉积学研究的热点域。研究认为，细粒岩的沉积是具有旋回性的，天文旋回可能是细粒沉积序列和有机质富集的原始驱动。古龙凹陷青山口组主要是页岩沉积，夹少量厘米级的薄层粉砂岩或碳酸盐岩。目前，古龙凹陷页岩油取心长度超过 8000 米，开展的分析测试超过 10 万项次，为细粒沉积旋回特征研究奠定了坚实的资料基础。储层表征是非常规油气勘探的重要内容，页岩储集空间以微纳米孔隙为主，发育多尺度多类型微裂缝。古龙页岩具有总孔隙度低于国内其他盆地页岩、有效孔隙度高于其他盆地页岩的特征，其成因机理还有待进一步明确。传统石油地质关心的是从源岩中排出的油气，其组成相对单一，易于流动；而非常规油气则关心的是滞留在源岩内的油气，包括气态烃、液态烃、非烃沥青质等重质组分以及固态有机物，流体相态更为复杂。由于烃类没有经历由分散到集中的运移和聚集的过程，原始有机质的生烃能力评价就显得尤为重要。此外，页岩层系中具有较高的黏土含量，其强大的吸附能力对油气的流动具有重要的控制作用。古龙页岩黏土含量高，但由于其经历了较高的地层温度，黏土矿物发生了从蒙脱石向伊利石的转变，成岩作用明显增强；加上有机质演化程度高，生成的烃类以轻质组分为主，黏土与烃类之间的吸附作用可能要低于其他盆地。古龙页岩的这种特殊性，为深入研究页岩储层特征、烃类与岩石的相互作用提供了绝佳的实验场所。

2. 试验生产井为非常规油气开发理论奠定数据基础

提高单井产量是实现页岩油效益开发的重要目标。由于页岩层系孔隙直径小，油气赋存状态复杂，流动性评价难度大。储层物性特征、游离烃含量、流体组成和岩石矿物特征是页岩油可动性的主要影响因素。目前实验室测试可动油含量主要通过洗油、离心等方法获得，实验分析的可动油含量往往远高于实际生产过程中的可动油，其原因在于实验室无法还原地下条件下的温度和压力条件，采集至地表的储层和流体，性质已经发生了重大变化。页岩层系中的油气在地层温度和压力条件下油气几乎不能流动，必须通过水平井水力压裂等增产改造措施才能获得工业油气流。关于岩石可压性评价方法，一般使用的是脆性矿物含量或岩石力学参数来计算脆性指数，但这些方法和参数主要是根据北美海相页岩层系岩石矿物和力学参数建立起来的，对中国陆相页岩油是否适用还存在疑问。古龙页岩油目前已完成水平井数近百口，其中包括水平井试验井组 5 个。通过对这些井或井组的压裂与开采试验，找到页岩油的最有利的产油段即甜点层段，以及合理的压裂施工方案和开采制度。同时，还对重点井开展了动态监测，分时期采集油、气、水样品进行动态分析，确定不同时期流体成分变化规律，试图通过油气水的变化特征研究地层中的流体连通情况，特别是开采过程中的压裂缝闭合情况，不仅为产能预测提供依据，更为其他井的甜点层段评价、压裂施工方案优选等提供科学依据。

（三）收获与启示

自从 7 月初到大庆研究院挂职，与同事们一起在页岩油基础理论和实验技术方面进行了深入的交流与合作，增长了很多见识，取得了一些成果，主要有以下四方面心得体会。

1. 基础理论研究在油田勘探生产中大有用武之地

在勘探院从事研究工作期间，笔者时常有一个疑惑，基础研究到底有没有用？当笔者来到油田参与现场研究工作后，深深感受到基础理论研究在油田生产中大有可为，基本的理论和机理问题制约了油田勘探与生产。常规油气勘探开发方面，当前主要面临着产量持续下滑、规模优质储量分布不清、油气资源战略接替领域不明等生产问题，其根本的原因在于对区域地质的认识不够深入。油田应更加关注日常生产活动，尽快实现增储上产，将更多的精力放在小范围的地质精细解剖、井位的部署与跟踪等方面。盆地尺度甚至更大区域尺度的石油地质基础研究，特别是区域构造演化、沉积相和油气成藏规律研究，对于寻找潜在的有利勘探区带具有十分重要的意义。非常规油气勘探开发方面，如何选取有利的地质和工程甜点、采用何种钻完井和压裂方案、使用什么样的开采制度，目前都在探索中。不同于北美大面积海相页岩层系，中国陆相含油气盆地普遍具有面积小、厚度大、非均质性强等特征，而且一个盆地一个样，难以形成统一的评价标准，也不可能照搬国外或者国内其他盆地勘探开发经验，需要逐一进行精细解剖，才能逐步建立适用于盆地自身的地质评价和开采方案编制标准，以达到提高石油产量、提升油气勘探开发效益的目的。

2. 科学实验可为油气勘探生产提供精确指导

实验是科学发现和技术创新最重要的基础手段，可以为技术研发提供便捷的尝试机会，从而找到最优的解决方案。大庆研究院十分重视实验室建设，不仅配备了国际一流的实验设备，还成功申建了黑龙江省和中国石油重点实验室，目前正在申报中国陆相页岩油全国重点实验室。实验室在大庆油田勘探开发中发挥了极为重要的作用，提高采收率技术达到国际领先水平，有力支撑了大庆长期高产稳产。松辽盆地古龙页岩油的勘探开发，为实验技术的发展提供了广阔的应用平台，实验分析和技术研发已经成为古龙页岩油勘探开发的排头兵，含油性、储集性评价为甜点层段优选提供了关键参数，岩石物性和力学性质分析为压裂工艺实施提供了关键依据，流体相态、烃类成分分析为单井产能预测并制定科学的开采方案提供了核心证据。除了室内实验，还正在申请建立古龙页岩油水力压裂试验场。通过整体部署多井平台，综合各种监测手段，对裂缝形态、工艺参数等进行立体监测，把实验和理论研究从地面搬至地下，科学全面地获取地下信息，实行压裂前、压裂中和压裂后全流程监督和分析，大幅提高工程效率和压裂效果。

3. 组织管理和团队建设是科技创新的根本保障

中国导弹之父钱学森曾经说过：研究导弹，三分靠技术，七分靠管理。油气勘探开发是一个系统工程，涉及多个不同的专业领域的协同攻关，高效协调管理是实现高质量发展的关键所在。大庆研究院实行大课题制度，将各科室承担的各级课题合并成几个大的研究领域，由首席、企业专家或科室主任担任大课题长，负责对所辖课题进行统一管理和考核。这一措施有效避免了重复研究，加强了课题间的交流与合作，对提升成果研究水平、推动成果生产应用具有重要的意义。大庆研究院在人才团队建设方面也独具特色。以实验室为例，油田公司、研究院各级领导多次到实验室指导工作，与技术人员就某个专业技术问题进行深入讨论。实验室组成了一支由 1 名首席技术专家、6 名企业专家领衔的近 200 人的实验技术团队，包括一大批年龄在 30 岁左右年富力强的专职从事实验分析和技术研发人员。专家担任项目或课题负责人，负责组织协调所辖专业的研究工作，统一研究方向，明确研究任务，对实验分析、技术研发及生产应用全面把关，在课题组织、研究成果把关、人才培养等方面发挥主导作用。同时，专家要肩负起人才培养的任务，做好传帮带工作，将人才培养作为专家业绩考核的一项重要内容。在专家指导下，年轻的技术骨干快速成长，不仅为油田勘探生产提供了可靠的实验数据，同时也开发了一系列特色实验分析新技术方法，为认识油气地质特征、提高油气采收率提供了有力支撑。

4. 党的建设在科技创新中发挥重要作用

大庆油田是中国石油工业的圣地，“铁人”的拼搏精神、“三老四严”的务实精神，激励着一代代石油人不断奋发向上。大庆研究院始终将学习大庆精神（铁人精神）作为党的建设的一项重要政治任务，充分发挥党员干部先锋模范作用，在科研、生产和管理中发挥了战斗堡垒作用。“第一代铁人”王进喜“宁肯少活二十年拼命也要拿下大油田”的决心和毅力；“第二代铁人”王启民“科技兴油保稳产”的科研精神；“第三代铁人”李新民“宁肯历尽千难万险，也要为祖国献石油”的壮志豪情，在广大石油科技人记忆里刻下了深深烙印。广大科研工作者用实际行动践行大庆精神（铁人精神），真正做到“有条件要上，没有条件创造条件也要上”。为落实 2022 年年初油田公司提出的钻井和压裂过程中的岩石物理性质变化方面的研究，相关分析科室克服没有技术、没有设备的难题，自己动手组装设备、借用其他单位装置开展实验分析，有的实验甚至需要多次往返于研究院和东北石油大学之间；为了保障实验的时效性，通宵加班是家常便饭。疫情期间，岩心取样的科研工作者在井场驻扎 1 个多月，有时甚至面临缺衣少吃的窘境，但科研人员毫无怨言，圆满完成任务、做好疫情防护是他们的唯一目标。特别是在川渝前线工作的科研工作者，在现场搭建了简易实验室，但他们依然以饱满的热情和昂扬的斗志出色完成了样品的采集和现场实验。科学研究是智力劳动，光靠吃苦耐劳是不够的。科研人员在大庆精神（铁人精神）基础上，形成了“超越权威、超越前人、超越自我”的“三超”精神，进一步传承和发展了大庆精神（铁人精神），成为新一代石油科技人的行动指南。

三、小结

人才发展和技术创新是集团公司人才强企战略的源动力，现场挂职锻炼是集团公司人才培养选拔的有效践行；以研发为主是勘探院的职责定位，现场挂职锻炼是实施勘探院人才强院战略的有效途径。

挂职锻炼有利于发挥基础理论研究对勘探生产的指导作用。笔者在勘探院一直从事石油地质基础理论研究工作，这次现场挂职所关注的焦点主要放在如何发挥基础理论研究在生产中的应用。在现场工作实践中，基础研究指导在川渝和古龙页岩油勘探选区和勘探中发挥了积极作用，对于转变勘探思路、优选有利勘探方向起到了一定的指导作用，并推动了基础地质实验与工程技术一体化攻关。

挂职锻炼找到一些新的科学问题。古龙页岩油勘探为非常规油气地质研究提供了实践场所，当前仍面临着细粒沉积学、储层表征、油气生成与赋存等机理问题；试验生产井组为非常规油气开发理论奠定了数据基础，获取尽可能高的单井产量是页岩油开发追求的重要目标，但当前仍面临着油气可动性评价、页岩可压性评价以及产能预测等方面的技术瓶颈，需要持续开展科学攻关。

挂职锻炼获得一些收获和体会。打消了“基础研究无用论”的疑虑，真切体会到基础理论研究在油田勘探生产中大有用武之地，特别是科学实验可为油气勘探生产提供重要指导。大项目管理制度、专家领先的团队建设是科技创新的根本保障，大庆精神（铁人精神）在科技创新中发挥了重要作用。

一名合格石油工程师的成长之路

吕　洲

挂职锻炼是勘探院人才强院系列工程中的最有代表性的工程，通过此项工程的有序推进，培养了一批基础研究扎实、创新思维超前、熟悉油气田生产现场的科技人才。在挂职工作中全方位、多视角了解油气田需求，行之有效地将基础研究与应用研究有机融合，使勘探院科技工作者在实践中检验真理，在实践中快速成长成才，在助推勘探院与油气田企业高质量发展过程中发挥作用。

一、通过挂职锻炼成为合格的石油工程师

近年来，中国石油坚持把创新作为第一战略、把人才作为第一资源，在踔疾步稳推进人才强企工程的过程中，大力培养能够担纲“国之重器”的战略科技人才，努力打造能够引领创新发展的科技领军人才和创新示范团队，加快造就能够堪当时代重任的青年科技人才和卓越工程师。由中国石油牵头建设的国家卓越工程师学院就是人才强企工程人才队伍培养新模式的积极探索实践。中国石油勘探开发研究院作为石油科技人才“生聚理用”平台，多措并举，把人才强院作为工作的重中之重，完善体系健全机制，激发汇聚广大科研人员的智慧和力量，为集团公司高质量发展提供强有力的科技支撑。在人才强院的创新实践中，油田现场挂职锻炼成为一条加快实现人才成长、强化人才素质提升、培养卓越工程师的关键路径。

本文结合自身实际，将自身在挂职工作中的收获与成长总结形成可复制可参考的职业发展路径，为具有相同志向的后来者提供借鉴，为勘探院人才强院工作提供实施案例。

在勘探院求学和工作的8年时光里，笔者接受了工程师所需的教育、经历了工程师面临的挑战，在诸多卓越工程师的指导和帮助下，成为一名工程师，成长为一名高级工程师。但是职称的提升并不代表真正是一名合格的工程师。每每自省工作经历、专业基础、科研水平和解决现场实际问题的能力与意志，

时常觉得有缺憾、有短板、有瓶颈和有不知如何发力的茫然。人才强院战略在勘探院的成功实践，让笔者非常幸运的有机会来到油田，来到激情澎湃的油田现场，来到理论知识具象成型的生产一线，来到能够触摸到实践成果的建设平台，这无疑是工程师的乐园，是成长为一名合格的工程师的高速通道，是走向一位卓越工程师的必由之路。

二、挂职油田现场的帮助与收获

奔赴长庆油田苏里格气田挂职前夕，院里长期以来指导和帮助笔者的老师们不约而同地提醒思考一个问题，就是挂职锻炼过程中为油田现场带来什么又带走什么。这个问题的答案一定会随着挂职乃至后续工作的不断进展而变化，但笔者相信，所有的收获都会聚焦在“成为一名合格的工程师”这个初心之上，随着工作的深入和个人业务能力的提高，螺旋式地演进，持续地扩展，最终成为个人职业经历中最宝贵的财富之一。

结合挂职锻炼以来的感悟，笔者试图从视野、知识、科研思维、实干担当、视角、经历、实践能力和意志 8 个方面入手，阐述投身现场留下的最深刻的印象。

（一）开阔视野

初到挂职单位的第一个周末，就是借着给新入职大学生开展入职培训的机会介绍一下自己，向四位初到油田的研究生讲一讲油气田开发的基础入门。组织部门的同事提醒我，这些刚毕业的研究生初涉职场，难免有从城市到荒滩戈壁的落差，难免有不知所措的迷茫，甚至不太确定是否能够长期坚持在石油行业工作。在这里为他们讲的第一课，也许会为这四位新入职的同事奠定一个职业初始的基调。在如此语重心长的嘱托前，不由得用心思考如何讲好这一课。比选再三，决定以个人的工作经历的切入点，讲一讲所认知到的全球油气行业竞争下的中国油气产业发展、国内三桶油不同机制下的非常规油气实践和勘探总院研究者视角中长庆致密气的辉煌成就。

出乎意料的是，讲课现场聚集了许多单位的老员工，四个小时的课程在新老员工的讨论和沟通中转瞬即逝，回响在耳边的是“毛乌素沙漠与代赫纳沙漠有什么区别”“迪拜是不是真的遍地黄金”“北方/南帕斯气田为什么会有如此优质的资源基础”“东胜气田、中联煤层气如何实现非常规气藏的效益开发”“苏里格气田 20 年发展过程中的核心技术是什么”。其实作为主讲者，对这些问题的认识也是片面的、有局限的。但是能将十年来所经历的中国海油，中国石化，中国石油吉林、冀东、大港、新疆、长庆油田，乃至中东油气领域的工作见闻分享给大家，既能给予长期奋战在苏里格一线的老员工新鲜体验，也带给新员工对石油行业未来发展的憧憬。让现场的开发者看到别人眼中苏里格气田取得的卓越成就，与苏里格气田的建设者们一起在更大的视野下设想气田高质量发展的美好明天。

（二）获得新知识

经历过勘探院学科建设对个人职业素养的诸多裨益，深切地体会到夯实专业基础和培养技术交流氛围对提升职业素养的关键作用。勘探院学科建设的许多成功经验和做法珠玉在前，可以因地制宜地移植到挂职单位的日常工作中来。

首先是夯实专业基础，带头做出读好书和画好图两项举措。在“读好书”方面，自费购置《石油地质学》《油矿地质学》《气藏工程》等专业教材为开发技术部同事每人配发，制定定期学习计划，按节点与各位同事一对一讨论关键知识点。分享沉积相、碳酸盐岩表征、测井学基础等外文书籍，筛选重点章节，鼓励各位同事对英文专业内容能借助工具看得懂、翻译准确，并在公开场合用英文与大家交流相关专业内容。介绍文献检索的方法与技巧，每周推送中外文经典文献，不定期推送论文关键字、地质与开发技术领域知名学者、行业标准名录，鼓励各位同事自行检索查询相关学术论文和规范文件。在“画好图”方面，邀请中油测井现场技术支持和研究院所科研人员为部门同事讲解产能建设与开发地质基础图件的制图规范。与同事共同熟悉基础数据库使用方法，带动老员工了解岗位工作以外的基础数据和图件的分析和制作方法。指导新员工优选典型区块，系统地从单井图到剖面图再到平面图，动手操作软件绘制地层对比、储层展布、储层属性、气藏特征等相关地质图件。

其次是培养技术交流氛围。一是借助平台优势，在苏里格气田开发技术座谈会、开发技术暨管理经验交流会等大型会议的筹办组织中，邀请勘探院、长庆油田领导专家、五家风险作业单位技术人员，深入交流苏里格气田先进开发技术与管理经验。二是组织先进技术推广，开展测井、侧钻水平井、含水气藏水平井开发等专业技术交流会，分享各单位新方法实验效果、新技术积极推广，相互参考、促进融合。三是组织常态化技术调研和现场学习，协调五家风险作业单位与油气院、研究院等单位之间开展实地调研，从现场发现问题，探讨技术解决方案。

通过上述学科建设举措，为自己和部门同事进一步巩固了专业基础，为挂职单位营造了更为浓厚的技术交流氛围，将勘探院的学风带到生产单位，不断精进个人和集体的业务能力。

（三）强化科研思维

为促使自己和身边同事成为合格的、更优秀的石油工程师，除了开拓视野、储备知识之外，更要时刻保持和发扬科研思维。长期的工作经验使他们具备了熟练的操作技巧，掌握了现场问题的来龙去脉，但也在海量的现场数据和复杂的生产问题中有了习以为常的惯性思维。作为科研单位的挂职人员，在现场工作中首先是“十万个为什么”，既为个人快速熟悉现场问题，也为见怪不怪的现场同事们提醒理论和实际的差距。在提出问题后，开始用科研思维去解决问题。

第一是在海量的生产数据面前，保持重视基础数据质量控制的严谨态度，逐步推导数据的不确定性来源，并活用各种数据分析方法和软件，正确地辨识和归纳数据。第二是在分析处理工作中，参考现场规范，同时引入其他单位和研究者的工作方法和研究思路，多角度看待气田开发现场问题。第三是在完成日常工作之余，主动总结提炼日常工作中所蕴含的科学问题和研究想法，结合相关文献和研究经历，聚焦某一个小点的生产实际问题，以学术沙龙的形式分享自己的科研思考和研究过程。个人组织并主讲学术沙龙 8 期，在致密储层微观表征方法、碳酸盐岩储层特征、鄂尔多斯盆地山西组储层特征、产建项目钻井地质设计等方面，分享在新单位看到的新进展、面临的新问题，与现场同事用好周末的下午时光，在活泼轻松的氛围里分享各自对现场实际问题的见解和应对思路。

在这一过程中，科研思维进入现场工作，过去习以为常的生产问题逐步体现出值得深究的科研价值，过去认为不太相关的影响因素逐渐体现出了隐藏在数据背后的内在联系，过去大而化之的解决方案逐步总结为更加凝练的方法公式，过去感觉遥远的研究文章和基础理论成为解决实际问题的利器。

（四）践行实干担当

勘探院长期以来的熏陶赋予笔者“干劲”和“健康”两种特质。在复杂的、多单位协作的技术工作面前主动担当，展现“干”字当头的责任感。面对两个月内组织五家单位完成苏里格风险作业 12 个区块开发调整方案和 3 个区块初步开发方案的结构调整、指标修改和方案报审工作，结合自身多年来的方案编制经历，主动承揽任务，将方案修改工作分解为制度宣贯、模式统一、指标复核、三级校审四项任务类型。

首先集中五家单位负责地质气藏、钻采工程、地面工程和经济评价四大方案的技术负责人，集体学习《天然气开发管理纲要》和《集团有限公司投资管理规定》，并联络长庆油田公司气田开发事业部的方案审核专家指导各位方案编制负责人学透吃准相关规定。然后参考《气藏开发调整方案编制技术要求》等行业规范和苏里格气田自营区已获批区块方案，形成统一的方案编写模式，遵照方案汇报时的专家审核意见，对比每个方案中缺项漏项的章节，指导编制人员完成补充修改。抽调本部门四位员工，快速培训开发方案指标定义、计算方法与合理区间，然后分工检索统计涉及方案批复的全部开发方案指标，编制开发方案指标台账，检验各项指标前后不一致和逻辑矛盾，督促对应编制者快速完成修改并协调不同专业保持指标一致。提交方案前，采用三级审阅制度，一是以流水线形式完成方案报告的形式审查，对题目、章节、排版、图表等不规范处进行检查。二是以指标台账为依托，组织各方案各专业进行交叉审核，确保提交审批的方案报告、经济指标附表和批复文件中的指标完全一致。三是协调气田开发事业部的方案审核专家和本单位方案编制专家进行综合审查，查漏补缺。最终按时完成了 15 个风险区块开发调整方案的修改与上报批复工作，让绵延两年的方案编制工作打进了临门一脚。

在健康工作方面，充分调动在勘探院养成的运动基因，借助现场工作宿舍、办公室、运动场三点一线的便利条件。每天坚持健身一小时，每月鼓励一到两位不经常锻炼的同事加入运动队伍。短短半年时间，已有 8 位不常运动的同事被召回运动场，并约定即便是计划晚上加班，也保证傍晚一个小时的运动时间。运动场上的挥汗如雨释放了高强度工作的压力，也拉近了同事之间的友谊。

（五）转换工作视角

挂职单位的业务需求和岗位职责，促使笔者从过去伊拉克油田作业项目方案编制者的角色中转变出来，以开发方案现场执行者的身份，重新审视开发地质、油气藏工程中的研究工作。油气田开发工作的系统性、全面性深刻的体现在面前。身份的变化带来了视角和思维方式的转变，在应对油气田开发过程中的关键问题时，现场技术工作与过去的科研技术工作有着明显的不同。过去追求的最优目标转变为实现最现实目标，过去一板一眼、环环相扣的科研套路转变为了多线并行、具有弹性空间的实施方案。

以对待基础数据的质量控制为例，过去的工作界面停留在以油田现场数据库为准，从数据质量、方法误差和数据之间的相关性入手，开展数据分析和质量控制。而现在，设身处地地成为资料的录取者和观察者之后，基础数据就以更为复杂的方式展现了其不确定性，生产制度、装置设施、环境变化、数据口径等因素浮现出来。过去认为规整统一的数据可能存在着区块之间的系统误差。过去离群波动的异常值，在其他数据或记录的佐证下，可能反而是真实反映情况的实际值。通过视角的转变，过去在研究过程中许多令人困惑的矛盾呈现出了新的解释，有了更多的数据来源和观察现场问题的角度，使得一批旧的问题迎刃而解，也使得一批过去被忽视的问题被重新重视起来。

一名合格工程师应具备发现问题和理解问题的能力，在现场挂职锻炼的宝贵经历中，不仅通过科研思维和现场逻辑相结合，提升了发现问题的敏锐度，更通过观察问题和获取资料的视角变化，使对问题的理解提高到更深层次。

（六）丰富人生经历

挂职锻炼最宝贵的就是经历，不单单是老生常谈的实地见闻或动手能力，更是经历一些新的场景、新的模式和新的目标类型，在一系列新经历中提升解决问题的能力。其中受益匪浅的就是在挂职中充分提升了抵抗工作压力的能力。

在勘探院工作时，感受到的压力通常是内驱的，体现在对知识的焦虑、对细节的挑剔和对成果评定的忐忑。而在现场工作时，最大的工作压力通常是由外向内的，例如冬季保供的关键时刻，随时接起电话就召开紧急会议，不同单位的同事围坐在一起，从不同角度阐述问题、提出诉求、表达意见。如此庞大的系统，各种因素瞬息万变，想要同时追求工作成果高质量、高效率、快速响应和低成本非常困难。

作为一个参与者，经常是耳朵听着民生供气需求高涨，眼睛看着管理的区块生产能力不足；手里报表写着提高产量所需的关键物资运输困难，脑子想着产出的天然气工业销路不畅；一边是计划部门投资紧张，一边是建设单位任务太多进度滞后；左侧是上游部门责令目标计划为何有缺口，右侧是下游部门管道压力超标要求控制产量。但是在关系国计民生的大事面前，就是要在众多庞杂的问题中找出重点，将许多看似矛盾的东西统一起来，坚决守住底线，奋力实现最优的结果。当作为亲历者经历了这150天的冬季保供历程后，一方面叹服于现场管理者高超的管理技巧与协调能力，另一方面在这场压力测试中提高了面对问题的勇气和解决问题的能力。这份经历无疑会成为今后工作中的宝贵财富。

（七）增强实践能力

在挂职单位经过四个月的轮转学习后，笔者开始整体负责苏里格气田风险作业单位的开发技术管理工作。这一过程中，不断向书本学习、向实践学习、向老同志学习、向身边人学习，收获知识和实践能力，解决接踵而至的实际问题。例如，向国家部委上报的项目备案类工作，通常会出现纵向上管理级次多，横向上基层单位和相关专业多。看似简单的表格填写过程中包含着勘探、开发、工程和经济等多专业知识。作为汇总的节点之一，需要掌握对应专业的基础知识，读懂看清数据是否可靠。还需要将相关规定掌握透彻，明白不同指标的具体定义如何，指导专业负责人在不同的实际情况下选用合理方法。更要了解各单位的诉求是什么，在规定范围内平衡不同专业和单位的需求。最后要将各项任务拆分为若干并联的工作路径，明确时间节点，避免某一环工作出现问题，影响整体进度。这段实践能力的锻炼对今后的科研工作和项目管理起到了启发和借鉴的作用。

（八）坚定个人意志

在苏里格，身边有很多朝夕相处的“铁人”。在生产任务面前，大批苏里格人表现出了铁一般的纪律与意志。尤其是 2022 年下半年时值冬季保供工作起步的关键时刻。产建项目中，多的是连续工作 100 天以上、全年休息不超过 30 天的技术骨干；采气厂中，多的是带着幼小子女在前线，数月不曾返回城市的工人干部；钻探单位里，多的是夙兴夜寐，每日与风沙相伴的建设者。让人记忆尤为深刻的是，2022 年 8 月的一天晚上，从基地大门刚出去，迎面走来一位满头是土还汗流浃背的“泥人”，一边用手拎着尘土飞扬的红工衣和安全帽，一边招呼着快递小哥给他拿饭过来。那熟悉的口音，让笔者听出了这是上大学时的学生会主席。一声熟悉的外号叫过去，我和他都愣住了，惊讶于时隔多年，在距离母校遥远的乌审旗，居然是如此的再相遇场景。尚不及叙旧，师兄不好意思地说吃完饭需要抓紧休息一下，紧接着午夜去钻井现场再督战，这戏剧性的重逢就匆匆结束了。

事后问起，才知道这位师兄自毕业后从北京来到现场工作已经多年，见面那段时间，正是一年中钻井施工最为紧张的时刻。当问起师兄闲下来的时候可否找个时间叙叙旧时，他风轻云淡地回复：“抓紧打完这批井，回家把婚礼办了，然后紧接着回来上班，那会就能抽空聚聚了。”这句看似轻松的话语，让笔者感受到了一线工作者在艰辛工作中铸就的意志品质，一身尘土下蕴藏着的大庆精神（铁人精神）。忘我拼搏和艰苦奋斗的奉献精神在师兄身上熠熠生辉。在现场工作埋头苦干的工作者和工程师还有很多，他们身上流淌着的“铁人”意志，将成为鞭策笔者不断前进的精神动力源泉。更让笔者明白，一个合格的石油工程师，只有下足了苦功夫、练好了真本领、在现实的挑战中磨砺出坚强的意志，才能向着追求卓越更进一步。

三、为勘探院与油田间搭建互通桥梁

挂职工作的美好时光总是过得飞快，日历在一项项充满新奇和挑战的工作中被快速地翻过。在接下来的挂职过程中，要更加珍惜时间和手头的各项工作。在勘探院和长庆油田的双重平台中，用专业视野和知识支撑全国最大气田的产能建设，将科研思维和正能量更好地融入多层次的生产技术管理工作中，继续在现场完善自己的业务本领，拓宽视野、经历磨炼、加强实践，在开发苏里格、建设大气田的伟大征途中留下自己的贡献。

四、小结

挂职工作期间，许多年龄相仿、志趣相投的同事总问起对这份特殊经历的感悟。勘探院的同事们总是期待着现场工作的实践提升，但是对油田现场的复杂性和专业性心存敬畏，不由得担心是否能胜任工作、是否能够协调繁杂的日常事务。现场的同事们总是期待着在勘探院开展科研工作、接受更高水平的技能培训，但又担心自身能力不能胜任勘探院的技术要求。尤其是对基层生产单位的同事来说，勘探院似乎带着科研殿堂的光晕，无形中存在迈入勘探院学习交流的门槛。希望今后有更多的挂职交流机会，尤其是面向青年技术人员的换岗实践，能够充分拉进勘探院与基层生产单位之间的距离，双向培养一批不仅具备国际化的科研视野与技能，还能解决大量现场问题的卓越工程师，有效助力中国石油勘探开发达到世界水平。

做好从室内研究到现场实践的角色转变

吴松涛

在实践中锻炼干部，是党培养干部的一条途径，对增强干部解决实际问题和驾驭复杂局面能力具有十分重要的意义。搭乘勘探开发研究院挂职交流培养制度的快车，多名优秀的中青年科技工作者踏上了挂职锻炼之行。油田生产一线点多、线长、面广，是挂职干部施展才华、勠力攻关的“主战场”，通过解决生产难题，助力油田高质量发展，挂职干部真正实现在其位、谋其职，通过深入了解基层实践问题，学习基层宝贵经验，推动挂职干部快速成长。

一、挂职锻炼的意义与必要性

（一）挂职锻炼是对集团公司人才培养战略的有效践行

当前，新一轮科技革命和产业变革突飞猛进，科学技术和能源行业双线发展加速渗透融合，全球能源格局调整进一步深化。集团公司作为国内最大的油气生产企业，肩负着保障国内油气供应能力、守卫国家能源安全的重大责任。2022 年，中国石油累产原油 1.05 亿吨，累产天然气 1453 亿立方米。面对新机遇新挑战，集团公司党组审时度势，把握大局，对“十四五”及今后一个时期改革发展作出总体谋划，明确了“两个阶段、各三步走”的战略路径，立足全球能源发展大势和我国“双碳”发展目标，作出了提升能源安全保障能力、加快绿色低碳转型、实现高水平科技自立自强等一系列重大部署，同时强调发展核心在于人才培养。2023 年 4 月，集团公司组织召开“人才强企工程提升年”活动启动会，要求以习近平新时代中国特色社会主义思想为指导，着力打造能源与化工领域人才和创新高地，奋力开创人才工作新局面，为加快建设基业长青的世界一流综合性国际能源公司厚植强大人才优势、提供坚强人才支撑。其中，特别强调了要集中力量补短板、强弱项、填空白，用一流人才推动世界一流企业建设。挂职锻炼作为集团公司推动人才成长的重要措施，目前已在集团公司全面开展。通过挂职锻炼，可有效打通科研院所与油田企业之间的壁垒，深化现场认识，并将最新的研究理念与创新技术应用到现场工作实践中，提升现场工作成效。

笔者 2011 年进入勘探开发研究院石油地质实验研究中心工作以来，主要从事沉积储层与非常规油气地质研究工作。目前担任集团公司“两性项目”岩性项目副项目长、页岩油重大专项课题《页岩油甜点形成机理与分类评价》副课题长、国际合作项目《陆相页岩油微纳米孔喉系统流动模拟研究》项目长、《泥岩系统（MSRL）科技共享联盟交流与合作研究》项目长及国家自然基金面上项目《陆相致密砂岩二氧化碳驱油过程中孔隙保存机理研究》项目长，同时参与集团公司二氧化碳重大专项课题《CCUS/CCS 埋存地质体选区评价及监测关键技术研究》。工作 10 多年来，虽然坚持长期与油田现场结合，每年现场工作时间超 4 个月，但是对现场工作认识仍然很粗浅。主要原因是未能全面深入现场工作，主要方式多为岩心观察、油样采集和会议调研，工作时间短，无法全面介入油田的生产工作，导致对油田一线亟须解决的关键问题缺乏深入认识，难以真正实现科研成果与现场应用的有效结合。在青海油田英雄岭页岩油项目部工作一段时间后，我更深切地体会到，只有深入生产一线，与油田现场的同事们共同工作，实实在在投入现场实践，才能深刻理解现场存在的问题；通过解决这些问题，使个人能力得到提升。

（二）挂职锻炼是实现勘探开发研究院人才强院战略的重要途径

勘探开发研究院作为中国石油集团上游领域最具影响力的综合性研究机构，目前已形成了以北京总院（含廊坊园区）为主体、西北分院和杭州地质研究院为两翼，深圳新能源研究院和中东研究院为转型桥头堡，全面面向油气和新能源，扎根国内、布局全球发展的新型国际研究院。院党委提出在“一部三中心”基础上，更加突出研发为主，坚持技术立院、人才立院，走业务全球化、人才国际化发展之路，以“12345”总体发展思路为主线，锚定建设世界一流综合性国际能源公司上游研究院的战略目标不动摇，为集团公司创建世界一流综合性国际能源公司、保障国家能源安全作出新的更大贡献。

勘探开发研究院始终坚持把人才作为第一资源，尊重知识、尊重人才，打造了一支敬业奉献、开拓创新的老中青科技人才队伍，为中国石油科技事业健康发展奠定了坚强有力的人才基础。2021 年 9 月，勘探开发研究院召开领导干部会议，以“坚持人才强院战略，实施六大专项工程，为建设世界一流研究院提供强有力支撑”为主题，部署了组织人事工作和人才强企工程。2022 年 4 月，在勘探开发研究院“人才强院工程推进年”启动会上，再次强调要推动人才强院不止步，构筑人才智力新高地。“出一流科研成果、出一流创新人才、出一流应用成效”是勘探开发研究院的发展战略和目标追求。发现人才、引进人才、培养人才、用好人才，是事关勘探开发研究院全局的核心工作，也是勘探开发研究院实现又好又快发展的根本保障。作为勘探开发研究院六大专项工程之一，“加快青年人才培养”专项行动已落实到位，其中，强化实践锤炼，建立勘探开发研究院和油田企业双向挂职培养制度已经建立。

挂职锻炼是实现勘探开发研究院人才强院战略的重要途径，是勘探开发研究院推动高质量发展、建设世界一流能源研究院的重要保障。通过挂职锻炼，推动勘探开发研究院在理论技术创新和高层次人才培养方面走在前列，从而更好地实现“支撑当前、引领未来”发展目标。

二、挂职锻炼的经历与收获

进入英雄岭页岩油全生命周期项目部工作以来，笔者始终抱着学习的心态，虚心向现场专家同事请教，认真学习青海油田企业文化与现场管理经验；努力发挥专业特长与纽带作用，围绕英雄岭页岩油规模勘探与有效动用，积极攻关关键理论与甜点评价技术，充分利用勘探开发研究院与青海油田广阔平台，“将问题找出来、将方案带回来”，助力英雄岭页岩油快速增储与有效动用，努力为集团公司高质量发展作出贡献。

（一）当好学生，做好从室内研究到现场实践的角色转变

1. 学习青海油田企业文化，深入理解石油精神内核

初入项目部，面对与勘探开发研究院截然不同的工作环境与工作任务，笔者内心既兴奋又忐忑。英雄岭页岩油项目部“一全六化”的工作模式对专业能力和管理水平提出了更高要求，特别是从科研走向生产，工作方式与思维方式均发生了巨大的转变，首要任务是学习。刚刚进入青海油田，笔者就被高原石油铁军的奉献精神深深震撼：面对“天上无飞鸟、地上不长草、风吹石头跑、氧气吸不饱”的恶劣环境，青海石油人喊出了“越是艰苦，越要奋斗奉献，越要创造价值”的嘹亮口号并付诸实践，创造了世界屋脊的能源神话。

2022 年 7 月 28 日，笔者第一次踏上英雄岭页岩油英页 1H 平台现场，平均海拔超 3400 米。从花土沟基地到平台现场，60 公里的山路需要一个半小时车程才能抵达，持续升高的海拔与崎岖不平的山地堪比越野赛道，翻山越岭早已把五脏六腑颠得“翻江倒海”。然而，项目部的战友们却要长期面对这样的工作环境，页岩油项目部经理赵健、副经理张庆辉和崔荣龙年累计现场工作超 150 天，王伟、王胜斌、雷刚、严力等更是兢兢业业，长期坚守在花土沟工作现场，不由得让我对“高原石油铁军”肃然起敬，也让我坚定了扎根项目

部，努力奉献青海油田的决心，用实际行动践行“真高真险真艰苦、真拼真干真英雄”。

青海石油人的艰苦奋斗、无私奉献不仅仅体现在花土沟生产一线，敦煌研究院同事的努力付出同样让我深受感动。作为研究院对口支持英雄岭页岩油项目部的地质工程一体化研究中心，伍坤宇博士带领科研团队始终保持“5＋2”“白加黑”的工作强度。从地质研究到井位部署，从基础研究到现场应用，青海油田的工作作风让笔者深深感觉到高原石油人的勇敢担当与无私奉献，也让笔者深切感受到作为青海石油人肩负的重要责任。

2. 努力适应从室内研究到现场应用的角色转变

学习现场科学研究、生产组织与管理方式，提升自己对现场工作的认识并切实解决现场问题，是笔者本次挂职锻炼的核心任务。如何快速融入团队、如何更好地为油田服务成为进入青海油田后的工作重点。

英雄岭页岩油全生命周期项目部是青海油田为全面提升非常规油气勘探开发效益而设立的一体化项目部，实施“一全六化”的全新管理模式。通过全生命周期管理、一体化统筹、专业化协同、市场化运作、社会化支持、数字化建设和绿色化发展，最终在满足合理经济指标条件下实现效益最大化、采收率最大化。以“点、线、面”思路组织多学科交叉和多部门协同，以数据融合和知识共享为基础，实现全要素、各阶段、全过程无缝衔接，深化学习曲线不断迭代更新，直至项目高效卓越。因此，英雄岭页岩油全生命周期项目部的运行对专业水平和管理能力提出了更高的要求。

到达青海油田现场后，笔者积极向现场领导、专家和同事请教现场工作任务、工作要求、工作方式。先后参加勘探周例会、井位论证会、压裂方案讨论会、现场办公会、技术讨论会等60余次；在英页1H平台压裂期间，前往花土沟现场办公，通过跑现场、看曲线，及时跟踪压裂动态，了解技术细节、施工过程并学习突发状况的处理方式。牵头负责不同生产时间内英雄岭页岩油流体性质变化评价工作，制定了以2年为周期的整体研究方案，并组织开展关键井定期油水样品采集工作。随着对现场工作的深入了解，笔者对从科研到生产有了更深的领悟，也对如何做科研、如何做有用的科研、如何让科研有用有了更深的理解。围绕现场实践的关键核心问题开展针对性的科研工作，让科研成果落地转化、服务生产，才是石油科技工作者首先要解决的问题。

（二）立足岗位职责，发挥专业特长，助力科学与生产有序推进

笔者主要负责英雄岭页岩油地质综合研究，并全程参与项目部一体化管理运行工作。笔者立足岗位职责，努力发挥专业特长，同时依托勘探开发研究院刘合院士领衔的陆相页岩油地质工程一体化研究团队，加强“前后方联动”，努力提高勘探开发研究院的科研实力与影响力，共同助力青海油田英雄岭页岩油实现跨越式发展。

1. 系统梳理关键问题，前后方联动，分层次推动关键问题攻关

与我国其他盆地陆相页岩油相比，英雄岭页岩油独具特色。从地质条件看，英雄岭页岩油发育在古近系咸化湖盆背景中，勘探层系累积厚度超1200米，是全球目前已获商业开发的、厚度最大的页岩油区带。然而，相对较低的有机质丰度（TOC主体小于1%）、碳酸盐矿物占主体的混积沉积体系（碳酸盐矿物含量超70%）、相对较高的地层压力（压力系数整体大于2.0）导致甜点优选难度大。同时，喜山期青藏高原强烈而复杂的构造运动造成了英雄岭页岩油独特的高原山地地理环境与强改造构造环境，地面条件复杂，规模建产难度大。因此，如何开展英雄岭页岩油规模勘探、寻找效益开发甜点是其面临的重要问题。

进入项目部后，在青海油田总地质师张永庶教授的指导下，笔者和油田研究团队认真梳理英雄岭页岩油面临的科学问题与生产问题，系统总结了四个方面16个科学问题与10个生产问题，并针对性制定了详细的研究方案。从科学性、实用性和紧迫性三个维度，与油田现场充分沟通，梳理科学问题与生产问题顺序，细化关键时间节点要求。将“巨厚高原山地式页岩油富集理论”“储层有效性与有利岩相空间分布”“地层条件下页岩油赋存状态与含油性评价”“英雄岭页岩油‘甜点区/段’形成条件与评价标准”“页岩润湿性与跨尺度跨流场石油流动产出机理”“复杂纹层—孔缝介质人工裂缝起裂—扩展机理与模式”等带回勘探开发研究院，通过与刘合院士领衔的陆相页岩油地质工程一体化攻关团队的高度融合，在保障研究进度的基础上实现了问题的快速有效解决。

在上述工作的基础上，梳理英雄岭页岩油全部取心井岩心资料，初步建立岩心一体化分析共享数据平台，提出岩心统一分析方案，为分析化验的系统性、匹配性与实用性奠定坚实基础。充分调研大庆古龙页岩油、长庆庆城页岩油、新疆吉木萨尔页岩油、胜利济阳页岩油等国家级页岩油甜点评价标准，在英雄岭页岩油最新的地质、钻井及储改资料精细分析的基础上，带领研究团队完成了《英雄岭页岩油甜点评价》标准的更新，将已有的评价标准扩展为平面甜点区、纵向甜点段优选标准，实现了纵向23个箱体甜点品质的量化评价；首次提出了“三甜点段”分类方案，并在柴西坳陷优选甜点区6个，面积超910平方千米，相关研究为英雄岭页岩油纵向扩展层系、平面扩展规模提供了

科学依据与技术支持。

2. 积极参与理论技术研发与科技项目研究，助力英雄岭页岩油储量申报

密切围绕英雄岭页岩油储量申报，重点围绕储层品质开展研究。牵头完成氩离子抛光－SEM、FIB－SEM、MAPS分析、QEMSCAN、XRD矿物分析、有机地化、核磁共振、氮气吸附等3大类8小类268块次样品分析，建立英雄岭页岩油纹层结构精细切分、全孔径孔隙结构表征、储层有效性评价技术体系。牵头完成英雄岭页岩油9口关键取心井10251项分析数据整理分析，编制成果图件486张，系统分析矿物组成、有机地化、含油性等关键参数相关性。针对青海油田首口冷冻密闭取心井——柴平6井，组织完成冷冻密闭取心数据的分析、整理与评价工作，系统评价不同取样时间对英雄岭页岩油散失量的影响，为准确恢复英雄岭页岩油的含油量提供了关键支持。

在此基础上，通过系统对比不同井储层空间展布特征，初步明确了平面与纵向上不同甜点段空间分布的非均质性，为2022年英雄岭页岩油预测储量的申报提供了关键参数支撑。积极参与油气与新能源分公司科技项目《柴达木盆地页岩油综合地质研究、技术攻关与现场试验》以及《英雄岭页岩油效益建产技术研究与先导试验》研究，配合首席专家完成2022年10月、12月公司阶段检查材料的准备、编写及汇报工作。相关研究成果有效支撑了油田公司参加国家能源局组织的全国页岩油勘探开发技术交流会汇报材料、油田公司参加2022年股份公司勘探年会汇报材料、油田公司勘探开发一体化技术交流会汇报材料，并支撑团队获得青海省2022年科技进步一等奖。

三、发挥专业特长，助力油田公司标准化建设

发挥专业特长，积极创造条件，努力提升英雄岭页岩油项目部科研人员的专业技术水平。2022年，努力克服新冠疫情影响，积极组织项目部、研究院相关科研人员参加高水平线上会议，包括2022年可持续能源发展国际会议——页岩油气勘探开发理论与技术进展、第八届油气成藏机理与油气资源评价国际学术研讨会、古龙页岩油高端论坛、国家基金委重大项目2022年年会、美国得克萨斯大学BEG泥岩系统2022年学术年会等；通过组织会议学习，让项目部科研人员进一步了解了全球页岩油勘探开发动态，这对帮助他们认识技术现状、拓宽工作思路、明确未来发展方向发挥了积极作用。此外，还组织开展实验方法对比与Petrel软件系统专题培训，提升科研人员水平。优选代表性样品，在青海油田与中国石油勘探开发研究院石油地质实验研究中心同步开展多方法TOC与S_1对比分析，为优化油田公司分析流程、提高结果准确性奠定基

础；邀请斯伦贝谢培训专家开展 Petrel 软件“一对一”培训答疑活动，有效提高了科研人员软件使用水平。

努力发挥纽带作用，助力青海油田标准化建设。通过参加标准化研究工作，一方面强化了青海油田研究水平，提高了青海油田科研人员对我国其他地区页岩油地质特征、开发现状与工程改造措施的认识；另一方面提升了标准化工作的影响力，在标准化工作中增加了青海声音，提升了标准适用范围。2022 年，青海油田累计 12 人次参与国家能源领域国家标准 1 项、行业标准制订 9 项，助力青海油田实现标准制订的跨越式发展。

四、关于挂职锻炼的几点建议

挂职锻炼是人才强院战略的重要举措，挂职干部自身修养在理论与实践的结合中得到完善和提升，从而助力中国石油勘探开发研究院人才强院、人才强企。关于挂职锻炼，有几点建议供参考。

扩大挂职锻炼范围，加强双向交流，拓宽上升通道。双向挂职锻炼作为集团公司和勘探开发研究院人才培养的重要举措，实施以来展现出良好效果。建议进一步深化挂职锻炼的范围，除在国内主要油气田开展挂职锻炼外，可向国际区块和专业公司进行扩展。通过深度参与国际合作项目，推动优秀员工和培养对象在海外区块中进行锻炼和成长，提升国际化人才培养力度，为集团公司和勘探开发研究院国际化业务提供人才储备，保障勘探开发研究院的健康可持续发展。

制订“一对一”挂职锻炼培养方案，保障挂职锻炼效果。挂职锻炼的效果关键在于个人努力与单位培养。为了进一步提升挂职锻炼效果，建议因人而异，制订详细的“一对一”挂职锻炼培养方案。通过设立现场导师、勘探开发研究院导师的方式，细化每位挂职锻炼员工的培养方案，为挂职锻炼人员提供必要的工作条件、师资力量及资源设施保障，实现“前后方高效联动”，保障挂职锻炼的效果。

强化过程管理与科学指导，完善心理建设体系。总体来看，挂职锻炼还处于前期探索阶段，发展速度很快，未来会有更多优秀员工参与进来。对于挂职锻炼员工而言，面对崭新陌生的工作环境、面对与家人长期分离的现状，难免会有困惑和迷茫，建议重视与挂职人员的心理沟通，及时了解挂职人员的状态和面临的困难，积极帮助解决家属生活工作中遇到的问题，为困惑中和迷茫中的挂职人员提供科学有效的指导，帮助他们尽快适应新的工作环境，从而发挥更大作用，真正实现自我能力的提升，为挂职单位多作贡献，推动勘探开发研究院的人才培养。

五、小结

挂职锻炼是人才强院战略的重要举措，挂职干部自身修养在理论与实践的结合中得到完善和提升，特别是对油田现场有了更深刻的认识，对于深入理解石油精神、更好开展科学研究、让科研成果尽快落地有了更全面的了解。通过科学研究与生产实践的密切结合，实现人才的双向培养。挂职锻炼一方面促进集团公司人才战略的落地，使得在高水平人才带动下的中国石油勘探开发理论体系更加优化与完善，助力中国石油关键勘探开发技术的升级换代；另一方面支撑中国石油健康可持续发展，推进中国石油成为基业长青的国际一流能源公司。

| 第五部分 |

勇挑重担奋力行　累累硕果向未来

把所学所悟运用到找油探气的使命担当中

龙国徽

企业发展需要高端人才，高端人才培养需要系统工程。中国石油近年来推行人才强企战略，挂职锻炼是其重要实践之一。挂职锻炼对于外派单位和接收单位而言，既输入了新鲜血液，又弥补了本单位在此领域的某些不足，堪称双赢战略，对于助推企业高质量发展起到重要作用。

一、干部挂职交流是中国石油人才强企的重要举措

党的十八大以来，以习近平同志为核心的党中央立足中华民族伟大复兴战略全局和世界百年未有之大变局，全面深入推进人才强国战略，高瞻远瞩谋划人才事业布局和改革创新，广开进贤之路、广聚天下英才，推动新时代人才工作取得历史性成就、发生历史性变革。

中国石油集团坚决落实党中央决策部署，启动“人才强企工程推进年”活动。作为集团公司科技创新主力军和重要研究机构，勘探院坚决贯彻落实党中央和集团公司党组部署要求，毫不动摇树牢人才是第一资源理念，坚定不移走人才强院之路，始终坚持尊重知识、尊重人才，稳步推进人才强院“六大专项工程”，抓实抓细“人才强院工程推进年”各项重点工作，全力打造一支政治坚定、素质优良、学术精湛的一流人才队伍和科研团队。其中与油气田开展干部挂职交流便是一项重要举措，具有重要的战略意义。

二、挂职交流提升干部“三种能力”、助推中国石油建设世界一流企业

通过油田生产一线与勘探院科研一线干部交流挂职，促进勘探开发理论与实践的交流与学习，实现研究、创新、管理能力的提升。从油气田一线到勘探院挂职干部，能够将油田一线生产问题在科研单位进一步聚焦为科学问题，并抓住关键问题学会研究分析，最终解决问题。同时将生产一线的生产组织、实

施效果、安全环保等第一手资料带到科研一线，促进认识提升。

（一）走出校门投身油田一线，满怀激情干事创业

笔者在青海油田工作了13年，和几万名青海石油人一样，在“看似荒凉，实为宝盆”的柴达木盆地工作战斗，与青海油田共同成长，担负起千万吨高原油气田建设。

笔者从一名助理工程师干起，成长为工程师、高级工程师，从区块技术骨干到区块项目长，从副科级干部成长为副处级干部，在勘探地质研究的各个岗位历练后，对勘探生产及研究流程、内容均比较清楚，也有自己的体会，除工作成果外，也积累了大量的研究和管理困惑。

在参加工作的第四年，笔者承担了柴西南扎哈泉岩性油藏勘探工作，从自己单打独干，到组建6人的研究小组，通过不断钻研和努力，从基础研究、预探突破、评价探明、试采开发的每个环节做起，取得了地质认识和勘探技术的快速进步，培育出丰硕的勘探成果，累计发现了7个油藏（井区），探明石油地质储量3000余万吨，并将滩坝砂岩性油藏勘探领域扩大至整个柴西南，成为至今重要的勘探领域。这一经历让我感悟到团队建设与展示平台的重要性。

2019年年底，笔者通过竞聘上岗担任青海油田研究院总地质师，从负责评价业务到主抓基础地质研究和勘探领域优选，角色的转变也带来了新的挑战。我贯彻油田公司人才培养政策，在主管的业务中按照技术人员的专长，从管理和专业双向发现人才、培养人才，建立了较为接续的干部队伍。比较典型的是组建英雄岭页岩油研究团队的例子，2021年青海油田探索非常规实现突破，英雄岭页岩油呼之欲出。面对新的非常规资源类型，没队伍没基础，一切基础工作都要从零开始。在有限的人力资源条件下，通过对专业水平与地质研究需求的权衡，选择了一位做基础研究工作的博士来担任项目长，并临时配备少量的技术人员予以支撑。在给予这位博士重要的、有挑战的工作后，博士研究生科研能力和工作激情完全被激发。在油田公司统一运筹和指挥下，项目长以身作则，研究团队奋力拼搏，短期内取得了非常好的工作效果，各项基础研究和方案设计进展迅速，较好地支撑了现场生产，使英雄岭页岩油成为青海油田一大亮点，吸引了中国石油各级领导专家的目光并予以充分肯定。目前英雄岭页岩油研究小组已形成一支具有20多人规模，战斗力旺盛的攻坚团队。这一经历让我感悟到大胆选人用人与充分给予展示平台对人才成长的重要性。

通过多年的工作，一路前行，一路感悟，在享受科技创新和人才培养的红利中，我也积攒了大量专业和管理上的疑惑与遗憾，亟须新的知识和能力去攻克。主要表现在自身知识结构的全面和专业性不足，团队基础研究能力不足、勘探接替领域及突破关键技术准备不足，对区块整体和综合研究的把控能力不足，以及对非常规资源的研究方法与评价技术方面不足等，制约了勘探研究及带队伍的能力，亟须进行理论的提升。

（二）赴勘探院进行“再提升”教育，努力提高科研水平

2021 年 10 月，中国石油集团公司推出“人才强企战略工程”，干部交流是重要举措，我有幸进入素有“中国石油皇家研究院”之称的勘探开发研究院工作，在浓厚的科研氛围中再提升，迎来了新的工作和成长机遇，受益匪浅。

勘探院是中国石油面向全球石油天然气勘探开发的综合性研究机构，业务领域覆盖面广，人才资源丰富，理论技术实力雄厚，科研条件完善。勘探院高度重视人才工作，通过学科建设、重大项目研发、老中青队伍建设和理论实践培养等措施，拥有高精尖科研人才，引领着中国石油重点科技领域与前瞻性基础理论。同时，专家们继承和发扬老一辈科学家“胸怀祖国、服务人民”的优秀品格，在不同的岗位上刻苦钻研，成为人才强国建设的重要科研力量。能到这里工作学习，我倍感珍惜，制定了“虚心学习，认真工作，大胆实践”的工作思路。

首先，带着问题和实际需求如饥似渴地学习。勘探院领导为我量身定制了工作方向，通过详细制定工作计划，加班加点地充实自己，多学多看多干，参与各种基础和风险领域研讨会，学习各类盆地、不同地质条件下的勘探研究工作，结合前期积累的实践经验，思想得到解放，模式得到创新，心中的油气更多了。

其次，立足岗位和实际需要充满干劲地工作。为更好地融入新的工作岗位，笔者请缨承担了地质所科研生产管理工作，参与风险勘探支撑，通过全面接触到勘探一路所有的科研计划、部署实施、中间交流和成果总结应用，让我较快地融入了勘探院。

最后，朝着科研与生产融合大胆创新地实践。通过工作学习，除了对其他领域有自己的见解外，对以往存在的困惑和需求寻找答案，我也在重新认识和思考柴达木盆地的基础研究和风险勘探工作，对不变的地质条件和勘探目标有了新的发现，对变化的人员能力和团队建设有了新的认识，更加坚定了柴达木千万吨建设的信心。通过与所领导沟通，逐步组建了柴达木研究团队，围绕着目前亟须突破的天然气领域开展攻关，期望能用新思路打开新局面。

（三）实践－理论－再实践，不断提升三种能力

笔者在工作十多年后进行挂职交流，通过勘探开发理论与实践的相互交流与学习，实现了研究、创新、管理三种能力的提升。

1. 思考问题不拘于一格，创新能力得到提升

勘探院作为集团公司科技创新主力军和重要研究机构，面向全国各含油气盆地，理论研究系统深刻，勘探种类丰富多彩，通过挂职锻炼使我的勘探思路和眼界更广，对重大风险勘探领域的敏感度和认识有了提升，脑海中的油气更多了。

通过学习，重新认识柴达木，在重大风险领域研究方面有了新思考。柴北缘侏罗系天然气勘探应围绕“保存条件”这一主控因素，重视柴北缘古－新近系河流体系岩性气藏勘探，以及地层不整合油藏勘探；三湖地区第四系疏松地层生物气应重视“储盖一体成藏模式”，柴西地区古－新近系石油勘探除聚焦英雄岭页岩油外，应加强柴西南下组合岩性油藏勘探、柴西北碳酸盐岩油藏勘探开发一体化增储上产研究。

（1）柴北缘古－新近系河流体系成藏新认识

柴北缘古－新近系勘探长期围绕晚期大构造开展勘探研究，发现难度越来越大，通过总结历年勘探实践，认为柴北缘地区油气源条件好，成藏关键是“有效疏导、有效保存”。

按照关键成藏要素重点开展了构造演化、沉积储层和油气运聚等研究，明确北缘古－新近系继承性发育四大冲积扇－河流沉积体系，河道砂体普遍分布且储集性好，在稳定斜坡区具有“近源－源上迎烃斜坡区大面积河道砂体规模成藏条件”，构建了构造稳定区“迎烃面的河道砂体岩性气藏群”的新模式，通过区带评价优选冷湖西斜坡成功上钻风险井诺探1井，如获成功将彻底释放古－新近系大面积低勘探区潜力，意义重大。

（2）三湖地区疏松地层生物气储盖一体成藏模式研究

三湖地区发育了国内极为典型、规模最大的生物气田，其成藏主要受构造控制。通过多年深入勘探开发，储层及含气饱和度下限不断突破，近期更是在厚层泥岩中获得稳定工业产能。

通过团队的生产跟踪和基础创新研究，综合认为三湖第四系生物气具有“疏松地层、生物成因、高孔高渗、动态成藏”的特殊条件，使其除优质砂岩外，其他岩性包括泥质粉砂岩、砂质泥岩均具良好储集能力，能够形成规模效益储量，该领域预计还有千亿方天然气储量待挖掘。

（3）开展广义式的侏罗系地层不整合油藏勘探研究

柴达木侏罗系内幕地层不整合油藏勘探在冷湖三号、牛东一号、牛14井区勘探获得成功。对这一类油藏成藏模式和主控因素目前研究不深入。

通过近期研究思考，认为该类油藏成藏具有普遍性，具有可以突破构造圈闭控藏的局限，扩展到冷北断层以上广大区域，未来勘探可以扩展到整体侏罗系内幕，应该重视该类油藏。

2. 分析问题抓关键矛盾，研究能力得到提升

通过在勘探院对各个层级的重大项目的验收和开题，项目开题设计和研究总结能力有了较大提升，特别是提高了分析问题的方法。针对一个区带，通过对勘探现状及认识的梳理，分析勘探中存在的问题，由勘探问题转化为可以研究的地质问题，结合各种技术，设计研究内容和课题，组织好队伍和人员进行攻关。

通过系统调研，了解了现状、问题及生产需求，梳理矛盾的主次，进行针对性的研究内容梳理，设置好目标和计划，做好执行。按照这样的科学研究方法论，积极运用到工作实践，完成了《柴达木侏罗系整体研究方案设计》《柴达木英雄岭全油气系统整体研究方案设计》等重大科技项目的顶层设计及开题可行性论证。

3. 解决问题要以人为本，管理能力得到提升

青海油田和勘探院具有不同的考核机制、不同人员结构，其组织管理、激励导向等均各有特色，通过挂职学习不断融合，在科研团队的组建以及团队协作能力方面不断提高，产生了很多新的思考。

（1）利用好理论研究和生产实践的互补性

要与各油气田生产单位紧密联系，围绕勘探领域突破和增储上产开展工作；要在前瞻性理论与技术发展上取得创新性突破；要实现有机互补，在安排团队成员构成和项目分配上互相融合。

（2）建立实时、精准奖励机制

勘探研究和发现具有波动式和不确定性，在风险勘探自主研究中科研人员付出了辛勤的汗水，对目标上钻和勘探突破发挥了重要作用，应在关键节点予以重要表彰和总结。可参考油田公司在重大发现上的奖励机制，有助于更好地促进勘探院风险勘探自主研究，激发干事创业激情。

（3）强化一体化人才培养

地质理论、物探技术是勘探的两只手，只有地质地震一体化高效配合，不断降低沟通成本，提升效率和效果，勘探事业才能事半功倍。建议发挥考核及激励指挥棒作用，利用 2—3 年时间，开展专项融合提升工程。通过开展理论及软件技能培训及考核，工作站实操培训及考核，井位汇报展示等方面的组织安排，实现各研究小组搭建自己的地震工区，并在工区中开展解释、编制工业

图；独立完成井位论证中的地震相关工作；达到地质人员熟练运用物探技术，独立完成井位论证；提出地震资料采集和处理中的问题和需求；通过 2—3 年的组织及考核，实现科研综合能力的大幅提升，勘探效率和效果大幅提升。

（4）通过融洽合作与同向发力产生更大更好的效果

勘探院与油田先后共同组建了多个研究中心，已经成为研究和生产的一体化中心，通过在融洽合作与同向发力上不断加大合作，实现了“发展需求、战略战术、数据与成果”共谋共享的实际效果。双方以“助推盆地勘探开发大发展”这项工作为共同目标，实现油气产量和有形化成果的双丰收。油田与研究院交心交底，互为倚靠，在研发力量投入、资金保障、成果共享上共同协商，研究中心实现“勘探有发现，理论有提升”，更大限度地促进产研用一体。在青海油田和勘探院的共同努力下，柴达木盆地研究中心顺利挂牌成立，必将促进科研和生产的更好融合，院企联合将推动柴达木盆地勘探事业揭开气势磅礴、振奋人心的崭新一页。

三、小结

挂职交流是从理论到实践再到理论的工作和培养模式创新，是搭建油田一线与总部研究院所的桥梁，是技术干部多维思考多重锻炼的重要手段。笔者将继续把所学、所悟运用到找油找气的历史大任中去，不辜负集团公司的期望，继续努力为之奋斗。

精益式挂职锻炼模式的摸索与实践

黄志佳

中国石油天然气集团有限公司（以下简称集团公司）党组以时不我待的政治责任感和使命感，加快人才强企工作的建设速度，在2021年的领导干部会议上把“人才强企工程”作为工作会议主题。立足世界百年未有之大变局，科学擘画集团公司人才发展战略，坚持“两个一以贯之”，系统部署组织体系优化提升等“六大专项工程”，为集团公司人才培养工作规划了路线图、吹响了冲锋号、发出了动员令。集团公司于2021年10月启动了人才强企战略首批挂职交流工作，实现了年轻干部的跨地区交流，为人才建设提供了一个新的模式。“根在基层，重在落实”，中国石油勘探开发研究院（以下简称勘探院）作为全球石油天然气勘探开发的高级学府，积极落实集团公司党组的战略部署，以打造集团公司人才高地、建设世界一流研究院为目标，立足高精尖缺人才建设需求，持续发展和完善“生聚理用”人才发展机制，以工程思维和目标导向为出发点，设计并启动了勘探院人才强院工程，扎实推进各项工程落地生根。

挂职锻炼作为加速人才队伍建设的重要途径和措施，如何在新时代更好地发挥作用，勘探院在这方面进行了有益的探索和尝试。

一、挂职锻炼的意义和必要性

（一）挂职锻炼是深入实施新时代人才强国战略的具体行动

“功崇惟志，业广惟勤”。理想指引人生方向，信念决定事业成败。中国梦是全国各族人民的共同理想，也是青年一代应该牢固树立的远大理想，没有理想信念，理想信念不坚定，精神上就会“缺钙”，就会得“软骨病”。勘探开发研究院青年多、学历高、思维活跃，肩负着集团公司甚至是国内油气田未来开发的重任，更加要树立坚定的理想信念，继承和发扬好“我为祖国献石油”的铮铮誓言。但一个不可忽视的事实是，很多同志是才出“象牙塔”又入“金銮殿”，缺乏在基层一线锻炼的经历，挂职锻炼工作为这些同志提供了一个良好的“蹲苗”过程。只有在戈壁荒原、崇山峻岭中战严冬、斗酷暑，才能更加感受到大庆精神（铁人精神）的真切意义，只有把论文写在祖国大地上，才能更好地肩负起保障国家能源安全的重任，惟志惟勤，做新时代的“新铁人”。

（二）挂职锻炼是集团公司人才培养选拔精神的有效践行

集团公司2021年领导干部会议强调，要拥有较大规模高素质专业化企业家和经营管理人才队伍，造就一批世界一流科学家和科技领军人才，建成一支结构合理、规模适度、充满活力的一流技能人才队伍。勘探院具有完整的地质学、地质资源与地质工程、石油与天然气工程、能源战略与信息工程学科体系，拥有提高采收率等3个国家级重点实验室和1个国家油气战略研究中心，以专业细分的20余个专业研究单位及涵盖海内外10个区域研究中心（所）。如何统领好这只油气田开发的新时代科研主力军，必须以更高的视角去顶层设计发展方向，从不同角度审视未来油气田勘探开发的趋势。中国陆相盆地的地质特征，为油气田的勘探开发提出了多样需求。在国际化舞台上，如何能够实现从“跟跑”到“领跑”的跨越，唯有练就油气田勘探开发的“十八般”武艺，方能见招拆招，迎接挑战。通过挂职交流工作，引领生产实践与科研相互融合，保障研究成果由量变到质变的提升，在实现院整体技能水平提升的同时，反哺油气田生产，促进塔里木博孜－大北、富满、新疆玛湖、长庆页岩油、西南油气田以及海外项目的快速高效突破，这些都是对集团公司党组提出的“支撑当前、引领未来”发展定位的有力实践。

（三）挂职锻炼是实施人才强院战略的重要途径

进入新时代，国际能源格局和发展方向快速变化，以bp、道达尔等为代表的西方传统石油公司都在进行转型，把“低碳、综合型”的能源公司建设作为企业未来发展的定位。作为集团公司重要的原创技术策源地，勘探院的人才强院工程必须依托关键核心技术的进步，纵观集团公司油气勘探开发各项突破性技术的发展，从理论研究到现场实践，再到工业化推广，都要经历系统的顶层设计和10年甚至更长时间的有序发展。如何在新的发展机遇面前，实现弯道超车，快速突破，不仅要补足“短板”，更要加快提升“长板”。新能源、CCUS、非常规油气等新型的业务领域，在思路理念上都不同于常规的油气田开发工作，更需要具备独立思考、超前思维、跨界学习素质的大量科学研究人员和实践工程师。挂职交流可以实现产学研的一体化推进，通过一体式的综合研究，将更好地实现成果的有效转化，同时锻造一批政治坚强、本领高强、意志顽强的技术干部队伍，进而支撑公司未来发展需要。

二、精益式挂职锻炼模式探索与实践

在新时代探索挂职锻炼新模式下，为了让挂职锻炼的作用和效果得到更好发挥，勘探院提出了精益式的挂职锻炼新模式。

（一）把准政治方向，精益做好顶层设计制高点

集团公司作为国有特大型企业，始终把“党和国家最可信赖的依靠力量；坚决贯彻执行党中央决策部署的重要力量；贯彻新发展理念、全面深化改革的重要力量；实施‘走出去’战略、‘一带一路’建设等重大战略的重要力量；壮大综合国力、促进经济社会发展、保障和改善民生的重要力量；成为我们党赢得具有许多新的历史特点的伟大斗争胜利的重要力量”作为国企党建的根本遵循。强化党对人才建设工作的领导，建设符合和适应新时代要求、服务中华民族伟大复兴战略全局的人才队伍。作为挂职交流锻炼的干部，必须以新时代的视野、从历史的维度去把握挂职锻炼工作的新要求，善观大局，能谋大事，敢于担当，切实肩负起油气上游业务发展的责任，为保障国家能源安全矢志奋斗，不负青春韶华。

为贯彻落实好集团公司人才强企战略部署，积极践行好集团公司“生聚理用”人才发展机制，培育更多“三强”干部，勘探开发研究院以工程思维系统设计了人才强院六大专项工程。配合专项工程实施，全力提升人才队伍素质，启动实施干部素质提升“赋能计划”和本领提升“利剑计划”，在分类抓好专业能力提升的同时，统筹做好干部培养的交流培养工作，顶层设计运行方案。对每名同志从时间安排、岗位职责、任务目标、指导老师、考核管理等各项事宜进行统筹规划，进一步细化挂职锻炼干部在派出和接收单位的责任和义务，强化干部交流过程中组织的互动和交流，确保党组织在挂职锻炼过程中的全程监督和服务，为挂职锻炼干部提供了坚实的组织和制度保障，让年轻干部确实能通过挂职交流工作，坚定信仰、砥砺品格、增强本领，更好地服务于油气田勘探开发工作。

（二）坚持问题导向，精准找到挂职锻炼切入点

坚持问题导向，要学会发现问题、准确分析问题、着力解决问题。在一段时间内，挂职交流工作存在“镀金式”“走读式”的情况，没有达到挂职交流的真正目的，挂职干部荒废了时间，影响了派出和接收单位的干部建设节奏。分析问题产生的根源，一是自身认识不够，作为挂职锻炼的干部“政治三力”不足，不能准确地认识到自身肩负的责任和使命，没有从更高的视角和维度去审视挂职交流的意义和目的，仅仅把挂职锻炼工作当成一种形式，没有真正地融入挂职单位；二是挂职干部职责不明，挂职干部交流到新单位后，没有明确其责任和要求，挂职干部无处着力或者不敢发力，导致工作“浅尝辄止，难以深入”，达不到挂职交流效果；三是挂职任务不清，没有清晰的任务规划和具体要求，对重点任务的理解和把握不足，导致工作效率不高、结果不好，影响任务的执行，挂职干部作用难以得到有效发挥；四是组织监督不足，缺乏有效的监督检查机制，考核针对性不足或者时效不够，导致组织对挂职干部的约束力不足。

针对挂职锻炼工作中存在的问题，提出针对性的解决方案。要提升挂职锻炼干部的政治站位，建立“两级联动多角度”政治教育模式。一是所、院两级对挂职交流锻炼同志进行思想教育工作，以文件学习、谈心谈话、多媒体教育为载体，帮助挂职交流干部认清使命，提高政治站位；二是分管业务领导、组织部部长、支部书记与挂职交流干部定期开展谈心谈话及交流分享活动，实现政治学习的常抓常新；三是明确职责分工，提升挂职锻炼干部的责任意识，以清晰的业务分工促使挂职干部尽快融入状态；四是科学规划成长路线，补齐短板提升长板，围绕干部特点，强化综合能力的提升，按照挂职任务安排，倒排培养计划和任务目标，保正既提升擅长领域深度，又补足短板领域宽度；五是强化监督考核，形成强有力的约束机制，按照季度考核、年底评议、常态化评价的方式，对挂职干部开展全方位的监督与考核工作，每季度上报工作及学习情况，安排下一阶段重点任务工作，并经指导老师和组织部门双重审核把关后，交由流入与接收单位存档；实行业绩合同双向签约机制，在流入与接收单位共同签订业绩合同与责任书，实现同步考核，同步管理。

（三）坚持目标导向，精确把握挂职锻炼着力点

高水平科技自立自强是勘探开发研究院人才培养的最终目标。面对庞大复杂的石油工业体系以及新能源、新材料、国际化业务的多重挑战，如何有效应对困难，确保世界一流研究院建设目标的实现，充分发挥科技支撑当前、引领未来作用，必须以抢占国际科技与行业前沿领域制高点为目标。进入“十四五”，国内油气田勘探开发逐渐向非常规领域迈进，特别是非常规油气的开发面临前所未有的挑战，而新一轮科技革命和产业变革突飞猛进，国内外油气企业正在快速布局地热、光伏、风电、氢能等新能源业务，大力发展节能、低碳和 CCUS/CCS 等技术，加快绿色低碳转型，这是换挡提速，实现从跟跑到领跑的一个重要机遇。同时，企业治理体系和治理能力的现代化，也需要大量“软科学”研究支撑，以战略眼光、国际视野确保改革目标早日实现。

为突出目标导向的挂职锻炼选人用人方式，确保科技引领发现，两年间勘探院共选派了 13 名同志到西南、新疆、青海、塔里木等油田单位挂职锻炼交流，重点聚焦致密气、页岩油、致密油、超深层特殊岩性油田的勘探开发工作，同时接纳和吸收 6 名油田同志到勘探院挂职锻炼。在此基础之上，勘探院依托深圳新能源研究院新体制新机制，拓展全球视野，加快新能源专业化人才队伍建设，以绿色低碳为方向，积极构建“热、碳、氢”三大工业体系，加快人员的内部流动，实现了“内循环＋外循环”双重循环格局的人才挂职锻炼模式。依托该模式，支撑了北京冬奥会绿氢项目、擘画了具有四川盆地特色的致密气勘探开发工程技术谱系、拓展了准格尔盆地石炭系勘探新方向、创新了干旱湖盆多层砂岩精细描述方法，正加速破解新疆玛湖地区致密油开发难题，向集团公司党组提供了多篇高质量的决策参考，为世界一流研究院建设注入新时代的科技力量。

（四）坚持结果导向，精心培育挂职锻炼增长点

坚持结果导向，着力强化能源领域基础性、紧迫性、前沿性、颠覆性技术攻关，集聚原创理论、核心技术、关键装备、标准规范等自主可控的油气资源勘探开发体系建设，实现技术的集成应用，促进成果快速转化，形成具有独特竞争优势的增长级，保障国家能源安全，把能源的饭碗牢牢端在自己手里。从科技进步增长点、企业发展增长点、人才培养增长点三个方面支撑油气资源勘探开发体系建设，确保理论技术研究与生产的有机结合，实现个人与企业的同步发展和价值实现。

一是从生产需求出发，培育科技进步增长点。紧密围绕制约油田企业发展的技术难点，派驻研究院人员深入一线交流锻炼。近年来，在新疆百口泉油田等油田靠前作战，创新“二三结合”开发技术实施老油田综合治理工作，支持技术覆盖储量 1.2 亿吨，整体提高采收率 20 个百分点，内部收益率提高 2—3 个百分点。在长庆油田元 284 重大开发试验区，实施驱渗结合的一体化转变开发方式攻关，水平井单井 EUR 从 8000 吨大幅提升到 2.4 万吨，预计比水驱提高采收率 12 个百分点，树立了超低渗油藏转变开发方式提高采收率的典范。

二是从技术发展出发，培育企业发展增长点。应用“稀油热混相驱、稠油原位改质、纳米驱油、驱渗结合转变开发方式、天然气储气库协同开发”等新技术，通过派驻技术专家深入油田现场一线与吸引油田技术人员到院挂职交流等方式，实现了技术从实验室到油田现场应用的快速转化，为超稠油的低碳绿色开发，废弃油田与储气库协同的综合利用提供了新的技术路径，为企业发展提供了新的增长渠道。

三是从理论实践融合出发，培育人才成长增长点。为科技人才发展量体裁衣，促进理论与实践的深度融合，确保科研人员在实干中接足地气、增长才干，让从油田挂职来的同志提升站位、开拓视野。《公司已开发油田效益产量评价及对策建议》等决策参考内容，就是将油田实际与研究院研究理论认识深度融合的结果。

三、小结

挂职锻炼一种组织形式，在促进年轻干部健康成长和提升综合素质方面发挥了重要作用，勘探院根据自身业务特点的实际和未来的发展需要，丰富了挂职交流的内涵，创新提出“精益式挂职锻炼模式”并进行有益的探索与实践，为技术人员的综合能力提升，研究院与油田企业的协同发展、技术与实践的深度融合探索了一条新的实现路径，具有较强的现实指导意义。通过实践也得出三点重要认识：

一是挂职锻炼是人才强院战略的重要举措，落实集团公司党组的战略部署，打造集团公司人才高地，建设世界一流研究院，必须要用好“生聚理用”人才发展机制，通过与油田单位的双向挂职锻炼工作，有效破解油气田勘探开发难题，促进科研与生产的快速融合，更好地服务建设基业长青世界一流综合性能源公司战略需要。

二是挂职锻炼对参与人员具有磨炼品格意志、拓宽问题视角、锤炼过硬本领的重要作用，对新时代石油科技工作者的综合能力素质提升具有重要意义，是保障研究成果由量变到质变的提升，提升勘探开发研究院整体技术水平和能力素质的重大举措。

三是通过精益的顶层设计，坚持问题导向、目标导向、结果导向，找准挂职锻炼的切入点、着力点、增长点，更好地促进专业技术人才队伍的建设与干部能力素质的提升，为培养一支胸怀“国之大者”、忠诚、干净、担当的新时代科技人才队伍，助力集团公司勘探开发工作达到世界水平，确保高水平科技自立自强目标的早日实现。

参考文献：

[1] 余岭、李春烁等：《国外石油公司能源转型的主要特点及其启示》，《国际石油经济》2022 年第 3 期。

[2] 袁士义、王强等：《注气提高采收率技术进展及前景展望》，《石油学报》2020 年第 12 期。

[3] 李国欣、雷征东等：《国石油非常规油气开发进展、挑战与展望》，《中国石油勘探》2022 年第 1 期。

让理论技术与现场生产完美融合

付秀丽

干部挂职锻炼是指在不改变与原单位人事关系的前提下，根据工作需要选派干部担任具体职务，到其他地方或岗位承担重大工程、重大项目、重点任务或其他专项工作，在实际工作中培养锻炼干部的一种临时性任职。干部挂职锻炼是一种重要的人才培养方式，可以帮助年轻干部增长才干、拓宽视野、积累经验和提高履职能力。当前，我国干部挂职工作卓有成效，培养了大批的优秀人才，涌现出很多好干部榜样和典型，对行业发展和社会进步起到了积极的推动作用。

近年来，中国石油集团出台了挂职锻炼的相关政策，中国石油勘探开发研究院（简称勘探院）和多家油田积极落实集团公司人才培养精神，中国石油勘探开发研究院选派多名优秀年轻干部到油田挂职，同时也吸引了很多优秀的油田年轻干部前往中国石油勘探开发研究院挂职锻炼。通过挂职锻炼，勘探院的年轻干部可以深入一线，亲身感受油田现场工作的艰辛，了解油田现场的真实需求，提高工作的实效性和针对性，在跨部门、跨领域的实务操作中拓宽自己的专业知识和技能。对于组织部门来说，挂职锻炼也是发现、选拔优秀干部的重要途径，更是推进践行人才强院战略的有效手段。通过挂职干部之间的相互了解，增强沟通交流，提高团队协作能力，提高他们相互的专业技术水平和服务生产的能力，为以后勘探院和油田现场的深度交流合作奠定了很好的基础。同时，通过油田生产一线及爱国教育基地的亲身经历，提高年轻干部的爱国主义情怀、管理水平和更好地服务中国石油的决心和动力，为践行人才强院战略打下良好基础。

笔者作为大庆油田勘探开发研究院生产一线的技术人员来到勘探院石油地质实验研究中心，挂职副主任进行交流锻炼，在学术交流、基础研究、项目管理和团队建设、个人专业素养能力等方面都有长足的进步，整体上提升了个人专业素养，掌握了国际前沿技术发展方向，拓展了多专业融合的视野，拓宽了科学研究的研究思路，使个人综合专业研究高度及管理能力又上升了一个新的台阶。

一、重视学术交流，拓展研究思路，提高国际战略视野

积极参加多专业高端学术论坛，了解国际前沿技术发展方向。挂职以来，笔者积极参加《首届能源发展战略高端论坛》《非常规油气开发及水力压裂相关地质力学问题研究进展》《同位素地球化学分析前沿技术交流》《绿色低碳能源变革 国际高端论坛》《首届白云岩高端学术论坛》《陆相湖盆碎屑岩沉积储层国际高端论坛》《非常规同位素地球化学高端论坛》《人工智能在油气领域的应用现状、挑战与建议》《古龙页岩油高端论坛》等高端论坛会议，了解我国及国际能源发展现状及发展战略，掌握非常规油气开发及水力压裂的地质力学问题，深刻理解了同位素技术在油气成藏及白云岩成因分析中的重要作用，拓展和掌握了古龙页岩油现阶段理论成果进展和存在的问题，通过积极参加各种高端学术交流会议，全方位拓展了笔者的专业领域和视野，为以后开展古龙页岩油基础研究及其他项目攻关提供了很好的研究思路和技术方法。

参加各级项目检查验收交流会议，掌握前沿技术发展方向。笔者主动参加集团公司组织的各类风险勘探会、集团公司实验室运行专题验收会、项目评审会等会议，参加集团公司组织的各类风险勘探会，了解中国石油各风险领域勘探现状、特色技术及风险目标分布情况。参加“油气地球化学重点实验室实验新方法研究及运行管理”及“天然气成藏与开发重点实验室实验新方法研究及运行管理”专题汇报会，深入了解重点实验室运行管理、经费使用、技术增长点、标准和技术专利等方面取得的成果和管理经验，有效积累了实验室验收时材料准备的经验。参加《鄂尔多斯盆地研究中心科研工作推进会》《吐哈盆地深层/超深层致密砂岩气富集机理与关键评价技术研究》等会议，掌握了国内不同盆地天然气、XAI 气及致密砂岩气等领域的技术发展方向。

参加不同学科重点实验室年会，与国内高校院所专家交流学习，掌握不同领域最近油气勘探进展。作为在实验研究中心挂职的技术干部，笔者受邀参加了天然气集团有限公司油气地球化学重点实验室学术委员会工作会议、中国石油盆地构造与油气成藏重点实验室学术委员会 2022 年度工作会议、集团公司油气储层重点实验室 2022 年学术委员会会议等不同学科重点实验室学术年会，了解了重点实验室在地球化学、构造与油气成藏、油气储层等不同领域前沿技术进展，掌握了重点实验室在成果创新、人才培养及有形化成果等方面发挥的重要作用，学习了重点实验室管理运行模式。

通过以上多专业多领域的会议学习及与参会专家的深入交流，大大提高了笔者的专业素养，掌握了前沿技术的战略发展方向，拓展了多专业融合的视野，拓宽了科研项目的研究思路。

二、深入高精尖实验室，加强创新能力，成果认识迈向新台阶

多次深入实验室，充分学习不同实验技术原理。充分发挥挂职锻炼良好机会，重点关注高精尖仪器和设备，开展地球化学研究室、储层、沉积与纳米油气研究室相关仪器的深入了解和学习，了解 FIB 场发射环境扫描电镜、纳米级三维立体成像 X 射线显微镜、U－Th－He 测年等仪器设备工作原理、使用方法和操作流程，学习页岩油储层岩石矿物组成、含量及分布规律的研究方法，借助于以上仪器设备，全面参与实验过程，与实验中心的同事一起对松辽盆地的青山口组和嫩江组火山灰的微观构成和微量元素进行了详细分析，进一步明确了青山口组和嫩江组火山岩的形成环境及地质特征，这些创新性认识的取得得益于双方挂职锻炼交流平台，是油田现场与实验中心高精尖实验室及研究人员相结合、相融合的深入体现。

充分发挥油田现场丰富的技术优势和工作经验，迅速融入古龙页岩油研究院士团队，与勘探院两级专家充分融合，积极组织并参与《古龙页岩油重大地质基础与工程实践协同研究》项目攻关，统一了松辽盆地青山口组 3－4 级层序地层划分方案，明确了介形虫、叶肢介及孢粉的生物地层学特征，恢复了页岩形成的沉积环境，建立了古龙黏土质、长英质、混合质及钙质页岩四类细粒岩相划分方案，这些突破性创新认识的取得有力支撑了古龙页岩油重大地质基础研究进展和工程实践，为中国石油陆相页岩油领域勘探开发迈向新的理论高度奠定了基础。

借助实验中心 FIB 等高精尖实验室仪器设备，创新形成基于构造沉积背景、古气候、地质事件、保存条件分析的富集成因分析技术，攻克富有机质页岩成因认识不清难题，奠定页岩油原位成藏理论基础。阐明了页岩油保存条件具有区域断裂－顶底板－页岩层内部三级封闭模式，断裂封闭作用和生烃演化时空耦合控制常规油－致密油－页岩油有序聚集，该成果成功申报并荣获大庆油田勘探开发研究院基础研究一等奖，这些创新性成果的取得离不开两院挂职锻炼交流平台的深度融合。

三、抓好管理工作，助力团队建设，助力横向交流合作

积极参加各项工作会议并抓好石油地质实验研究中心各项管理工作，学习

石油地质实验研究中心多方面的先进管理经验，全面提升笔者的沟通交流能力和综合管理水平。

作为实验中心评审专家参加《页岩油原位转化高效传热与开采关键技术研究》《南海北部天然气水合物成藏富集机理及有利区评价优选研究》《天然气提XAI、达标排放与能量综合利用技术研究》《盆地深层烃源岩发育与分布预测》《典型深层气藏成藏主控因素与勘探新领域》等25个三级项目的评审，深入了解不同领域油气勘探开发的最新进展，并按照计划执行情况、实物工作量、主要成果、创新水平与应用实效、组织管理情况、资料准备及汇报等指标进行量化打分排序，通过项目间的横向对比考核，促进项目研究进展，提高项目研究质量和水平。

负责实验中心一级至五级工程师及其他人员等81人的考核工作，采取多媒体汇报的形式进行，主持过程中对实验中心的员工的负责领域、个人特长、有形化成果等方面有了更加深入的了解。通过这次会议主持，笔者不仅学会了会议主持的管理技巧和管理水平，还深刻感受到每位员工对自己负责项目的全身心无私奉献精神、个人专业水平、职业素养及有形化成果水平对于实验中心团队建设的重要作用，笔者通过对他们专业的了解，为以后勘探院与油田横向项目深度合作交流奠定了基础。

组织实验中心班子述职考评会议组织，经过多次联系三联单位质量环保安全处领导及与实验中心多位领导协商，确定了实验中心领导班子的考核时间和考核方案，提高了笔者的组织和协调能力，跟实验中心班子成员的关系更加融洽，为以后开展横向项目交流合作提供了条件。

四、理论与实践结合，加强专业素养，提升个人专业能力

发挥学科带头人作用，组织多次会议和培训。组织《富有机质页岩形成环境及作用机制》《岩心与露头细粒沉积研究方法》等培训会议2次，作为主讲人完成新入职员工《细粒沉积学研究进展》《古龙页岩形成的沉积环境研究进展》等培训任务，有力发挥学科带头人作用。

充分利用勘探院多元信息平台，积极调研国内外技术现状，借助实验研究中心实验室高精尖仪器设备有多项创新性发现，并总结提升编写科技论文，努力提升自身专业综合素养能力。基于生产现场的大量基础资料及古龙页岩油基础地质新的创新成果，编写关于古龙页岩油成藏条件、页岩油富集机理及古龙页岩沉积环境定量恢复、白云岩成因机理等相关的国际、国家发明专利和科技论文，挂职期间编写《石油勘探与开发》《石油学报》《石油与天然气地质》

《沉积学报》5 篇，申请国际及国家发明专利各 1 项。上述学术成果，是个人理论与实践充分结合中得到完善和升华的具体表现。

五、挑战与思考

挂职锻炼是人才交流 、人才任用和人才培养的重要方式，对于年轻干部迅速成长、提升自我修养及提高综合能力具有重要意义，但受制于勘探院和油田地方工作环境等差异，在挂职实践中仍面临一些挑战和亟待解决的难题。

挂职干部对新环境的不适应，油田现场工作和勘探院工作有着较大差别，不适应主要有对新的工作岗位的不适应，具体表现在对扮演的角色和负责的工作不适应；对新的工作环境和生活环境的不适应。建议在干部挂职前，让挂职干部对挂职单位工作岗位、工作职责、工作环境和生活条件等有个全面认识，提前加强培训和召开见面交流会，让挂职干部安心、放心地走上挂职岗位。同时，加强对挂职干部的思想教育，提高其认识，端正其挂职动机。

挂职活动缺乏专项资金和项目支持，挂职期间的基本工资和奖酬金由原单位发放。没有专项资金和专门的项目组人员支持，给挂职干部开展项目研究带来了一定的困难，建议设立适当的流动基金，给予一定的经费支撑，并建立相应的挂职成效考核制度，以具体项目为载体，建立项目进度表，将挂职的成效进行量化考核，提高挂职干部业务研究水平及个人自身的综合能力，切实提高挂职成效和预期。

长效管理机制还不健全，目前对挂职干部行为管理规范、挂职时间、挂职纪律、挂职任务虽都有文件约定，但实施下来仍要有明确的职责分工、任务目标，切实提高其工作能力和组织管理水平。要定期与挂职干部沟通思想，交流情况，肯定成绩，指出不足，明确努力方向。挂职期间特别是结束后，应及时组织召开挂职锻炼干部座谈会，交流学习体会，查摆问题和不足，提出意见和建议。

由于挂职只是临时性质的干部交流形式，一般时间较短。但是挂职工作成效要经过较长时间才能显现出来，这也给绩效考核评估带来了难题。需要设置良好的考核机制，通过制定科学、有效、易行、具体的考核标准对挂职锻炼期间的表现进行综合评价。考核过程中可采取定期考核和即时考核相结合、明察与暗访相结合、考察与指导相结合的办法，通过述职、谈话、评议、访谈等考核形式，力争客观、公正、全面地考察挂职干部的领导能力、工作能力、政治思想、道德品质和群众观念，防止考核的片面性。考核结果认定上要客观、公正、准确，能够作为干部以后选拔任用、评先评优的重要依据，为挂职干部后续的职业发展奠定良好的基础。

六、小结

挂职锻炼是人才强院战略的重要举措，双方挂职干部迅速适应新的工作环境，经过新的职务的岗位锻炼，在此过程中发挥自身的丰富工作经验，学习新管理模式和管理经验，掌握前沿技术的发展方向，能够切实拓宽个人研究思路，提高个人的专业技术水平和个人综合管理能力，为以后的职业发展和人才强院战略目标打下良好的基础。

干部挂职锻炼是一种重要的人才培养方式，可帮助年轻干部增长才干、拓宽视野、积累经验，提高履职能力。借助于挂职锻炼交流平台，挂职干部在业务领域相互交流、深入沟通，发挥长处、补足短板，能够有效指导基础理论与油田现场实践充分融合，综合提高项目及课题的研究水准和生产应用效果，从而能够更好地服务油田生产，有利于中国石油集团公司油气业务领域的规模增储上产和效益开发，助力中国石油勘探开发达到世界水平。

完善挂职锻炼交流机制，建立更加合理的管理机制，为挂职干部设立适当的流动基金，建立项目进度表，制定科学、有效、易行、具体的考核标准，切实提高挂职成效和预期，作为干部以后选拔任用、评先评优的重要依据，为挂职干部后续的职业发展打下基础，是培养年轻干部、人才强院战略的重要举措。

参考文献：

[1] 崔建民：《干部挂职锻炼制度的发展历程与完善路径》，《中国井冈山干部学院学报》2021 第 2 期。

[2] 郝玉明：《挂职干部管理的问题与对策》，《中国领导科学》2020 年第 5 期。

[3] 尹冬华：《当代中国挂职现象解析》，《中共天津市委党校学报》2008 年第 3 期。

[4] 关锦文：《到企业挂职锻炼是加强师资队伍建设的有效途径》，《中国职业技术教育》2008 年第 36 期。

[5] 许琰：《浅谈如何突破职业教育教师下企业难的瓶颈》，《江南论坛》2007 年第 11 期。

[6] 段海滨：《高等院校青年教师挂职锻炼探析与实践》，《高等教育与学术研究》2007 年第 3 期。

[7] 侯建国：《关于加强河北省高校教师队伍建设的思考》，《河北科技大学学报》（社会科学版）2007 年第 9 期。

[8] 胡跃福主编：《西部人才政策措施实施效果的调查与评估研究》，研究出版社 2008 年版，第 2—25 页。

[9] 王丽红、刘伟：《高职院校专业教师赴企业挂职锻炼的实践与探索》，《郑州铁路职业技术学院学报》2012 年第 4 期。

[10] 林景亮、孙维琪：《高校青年教师挂职锻炼若干思考》，《高教学刊》2017 年第 9 期。

[11] 吴广宇、黄小玲：《高校年轻干部挂职锻炼存在的问题及对策分析》，《青年与社会》2013 年第 19 期。

[12] 张晓磊：《干部挂职锻炼中存在的问题及其对策研究》，《云南行政学院学报》2006 年第 3 期。

双向挂职，院企共向美好未来

殷树军

双向挂职是企业、政府机关、高校等不同组织之间，相互派遣人员到对方的组织中挂职锻炼一段时间，以了解对方的工作方式、思维方式、管理经验等，为挂职人员提供了一个学习、锻炼和提升自己的机会。这种交流方式是推动不同领域、不同组织之间合作与交流的有效途径。

近年来，集团公司党组坚决贯彻落实党中央决策部署，大力实施人才强企工程，立足长远、系统谋划，统筹制定并推进《人才强企工程行动方案》《“青年科技人才培养计划”实施方案》等一系列人才队伍培养方案，着力培养造就数量充足、素质优良的战略接替力量，确保石油事业接续传承，双向挂职锻炼作为一种重要的人才培养方式，开始在集团公司内全面实施。中国石油勘探开发研究院（简称勘探院）作为集团公司的技术参谋部，需要大量高素质、高能力的人才支撑其研究工作和科技创新，而油田作为油气生产主体，需要具备油气资源洞察力、技术创新力、管理能力等方面的高端人才支持其发展，因此勘探院和油田的人才交流和互动（既院企双向挂职锻炼）为研究院和企业之间的人才交流提供了更加广泛和深入的渠道及平台，让技术人员在不同的工作环境中接受挑战和锤炼，提高综合素质和专业技能，增强工作能力和创新能力，对于促进人才强院具有重要意义。

一、勘探院与大庆油田实施双向挂职实践概况

勘探院为践行集团公司人才培养方案及人才强院战略，依据“生聚理用”人才发展机制，深入实施“人才强院六大专项工程”，明确以研发为主的定位要求，以“六个一”为聚焦点，“六个新”为工程落脚点，大力推行人才兴院、人才建院。在聚焦高素质领导干部培养选拔工程的探索方面，推荐了刘英明、张斌、江青春三位青年科研骨干到大庆油田挂职锻炼，大庆油田推荐了笔者和付秀丽到勘探院挂职锻炼。

（一）双向挂职目标

双向挂职的目标是培养锻炼优秀青年技术干部，拓展科技视野，提升创新能力，深化大庆油田与勘探院在油气勘探领域及地球物理测井领域的交流合作。

聚焦人才强企战略，拓宽青年干部培养渠道。践行中国石油人才强企战略，抓好人才队伍接替专项工程，利用勘探院与大庆油田多年项目合作的优势，采取互派挂职的形式，推动年轻干部培养从“内部培养”到“院企共育”，着力培养懂油田生产、强组织管理、善科技攻关的全方面复合型人才，提升人才的职业发展和成长空间，拓宽人才的发展渠道。

聚集瓶颈技术攻关，激发青年干部创新活力。通过院企双向挂职锻炼，勘探院青年人才可以更深入的了解、发现油田在生产中亟须解决的难题、亟须攻关难点、卡点，更有针对性推进科技创新，提升勘探院的科技水平和创新能力；大庆油田的技术人才通过挂职锻炼可以了解勘探院的先进技术和研究方向，应用丰富的现场经验和亟须的生产需求为研究院提供更加实际的技术支持和创新思路，促进科技成果的转化和落地，进而激发青年干部的创新活力。

聚焦工作流程优化，提高青年干部综合素质。在双向挂职的过程中，青年干部通过组织或深度参与各单位科研、生产项目，全流程参与可以了解到挂职单位的工作特点、科研生产运行方式、技术现状及优势技术、项目管理和团队建设经验等，从而吸取对方的长处，弥补自身的不足，提高整体的管理水平和综合素质。

聚焦高质量发展，强化院企沟通融合。高质量发展是我国经济发展的客观要求，提升科技创新能力、提升发展质量效益是高质量发展的必由之路。要强化勘探院与大庆油田的沟通融合，实现优势互补、资源共享。通过双向挂职，勘探院和大庆油田可以互相了解对方的需求、优势和挑战，进而建立合作伙伴关系，共同研发和推广勘探开发新技术，提高双方的科研水平和国际竞争力。

（二）双向挂职举措

统筹谋划、严格选拔挂职人员。勘探院与大庆油田的主要领导统筹谋划，根据各单位的专业技术发展现状，结合干部队伍储备体系，确定在油气资源勘探领域双向挂职 3 人，其中勘探院 2 人、大庆油田 1 人；地球物理测井领域双向挂职 2 人，勘探院和大庆油田各 1 人。制定挂职人员选拔标准，一是政治有担当，政治素质好、政治立场坚定、忠诚党的事业、德才兼备，在日常工作中能够发挥党员带头作用；二是业务有专长，在某一专业领域有较深的技术造诣，能够独立承担公司级以上项目；三是发展有潜力，工作积极进取、勇于承担、有较强的学习和创新能力，且拥有一定领导工作经验。在此基础上，通过个人自荐和基层推荐，由党委组织部根据民主测评、工作业绩、群众口碑等方面进行严格筛选审查、确定。

精心组织、科学设计岗位职责。各单位综合考虑各部门实际需要、挂职人员自身特质和派出部门培养建议，根据挂职干部的学历、经历、专业、年龄等情况设计挂职岗位职责，明确任务目标，并安排导师进行指导。如大庆油田挂职干部殷树军的指导老师是李宁院士、测井技术研究所领导和企业专家，岗位职责一是协助做好科研业务组织、协调和推进等工作，协助做好风险勘探测井评价及 QSHE 管理等工作，目标是了解机构设置及管理模式，掌握内部纵向管理和横向联系协同的工作方式、方法；二是负责页岩油领域测井技术现场应用，目标是掌握复杂储层测井精细评价、测井新方法等优势技术；三是负责 CIFLog 软件现场应用与推广工作，目标是掌握测井软件研发流程，学习项目管理和团队建设经验。

精准管理、双向跟踪挂职过程。挂职人员的组织关系转至挂职单位，由双方组织部门、挂职单位和派出单位共同管理。挂职干部要根据挂职目标和任务高标准完成挂职单位的工作安排，一是每月必须参加挂职单位的主题党日活动，加强党的领导，持续增强党性修养，提高挂职干部的政治思想觉悟、工作作风、廉洁自律；二是每月向派出单位汇报学习、工作情况以及取得的收获和下个月的工作计划，促进工作学习进展，保证业务能力和水平不断提升；三是每半年向派出单位做汇报交流，系统总结挂职工作和学习成果，进一步凝练提升；四是对重大工作进展、先进事迹、亮点成果及时宣传报道，发挥正向引导的激励作用，形成“时不我待、抓铁有痕”的良好工作氛围，进一步提高挂职干部干事创业的积极性。

严格考核、保障人才培养效果。挂职期满，由勘探院和大庆油田共同进行期满考核鉴定，由导师、挂职部门、组织部门进行综合考核评价，重点考察挂职人员德才素质、工作作风、工作实际、创新意识和群众公认度，作为提拔任用的重要依据之一。对于考核不合格或发生严重违规违纪或重大责任事故的人员，可以按照处理办法取消挂职资格，避免助长挂职人员的“镀金”和“过客”思想，确保挂职工作的健康发展，实现真挂职、挂真职。

二、双向挂职锻炼在人才强院战略中发挥的作用

通过近一年的挂职锻炼，挂职人员聚焦项目管理、测井新技术、团队建设等挂职目标，深化理论学习、强化沟通融合，将测井新技术、新方法应用于油

田生产实践，在实践中发现难题并进一步攻关完善，技术实现了迭代升级、人才得到了锻炼成长，在科研攻关方面实现了三项突破，人才培养方面实现了三方面提升，实现了院企的深度融合，有效助推中国石油勘探开发技术达到世界水平。

（一）院士指导，院企联动，科研攻关成果获突破

1. 推进非常规储层测井评价技术新发展

当前，中国石油勘探已进入非常规时代，大庆、长庆、新疆、青海等油田在页岩油勘探均取得了突破，部分油田已经投入开发，其中大庆油田的古龙页岩油是中国石油重点研究领域，其测井评价技术目前也还在攻关的世界级难题阶段，关乎油田 3000 万吨稳产乃至国家能源战略接替。笔者多年来一直从事复杂储层测井评价技术，以此次挂职锻炼为契机，把页岩油储层测井精细评价作为自己的攻关目标，通过参加院士团队、高端论坛、向专家请教的方式，虚心求教，勠力攻关，促进了古龙页岩油测井评价技术进一步发展。

来到勘探院第一天，笔者就参加了刘合院士组织的古龙页岩油基础研究阶段工作讨论会。会上开放的讨论方式，各专业互相借鉴与融合、观点的激烈碰撞、深入的理论认识让我耳目一新。我主动要求加入古龙页岩油基础研究团队，决心把勘探院的前沿理论和技术，应用到大庆油田科研生产中，为如何进一步提高储层参数的评价精度，寻找理论基础和先进的评价方法。在勘探院的大舞台上，我参加了刘院士组织的《古龙页岩油研讨会》《古龙页岩油高端论坛》《页岩油相态变化研讨会》《页岩油勘探开发关键技术与管理研讨会》，参加了油气与新能源分公司组织的攻关检查、开题等与页岩油有关的会议，通过消化、吸收专家们的理论认识，结合测井解释工作的具体难题，逐步构建形成基于岩心精细认识、测井宏观表征、平面（纵向）规律认识、地质成因匹配、工程有机结合的页岩油储层评价技术总体方案。进一步明确了配套不同岩相的孔隙类型、孔隙大小实验，明确优势储集空间；攻关以新一代成像测井为核心的采集及测井解释方法，重点开展微纳米级核磁弛豫机理研究等具体内容，同时参加完成了《页岩油测井资料解释技术规范》的编制。

岩石物理实验是测井精细评价的重要基础，古龙页岩为陆相沉积泥纹型，具有高黏土含量、薄纹层和页理发育、孔隙以微纳米孔为主等特点，样品制备、洗油、烘干、驱替等传统实验方法不再适用，如何制定适合古龙页岩油的实验方案和技术路线是团队成员一直在思考和探索的问题。笔者多次主动向院士请教，向王贵文、刘国强、武宏亮、李朝流等教授专家请教，通过多次讨论

交流，组织推动了古龙页岩油取心配套实验方案制定，设计了不同饱和状态、频率、回波间隔二维核磁实验，配合多温阶热解—核磁实验确定总孔隙度、有效孔隙度、可动孔隙度 T2 截止值，用于完善二维核磁饱和度解释图版；设计了配套的全岩、CT—扫描电镜实验方案，明确了不同类型岩性的储集空间分布规律。在此基础上，形成了变 T2 截止值的孔隙度评价方法及基于数字岩心的饱和度解释模型，为大庆油田 2023 年亿吨级探明储量的提交提供了有力支持。有了勘探院顶级专家的支持，有了团队成员团结一致、勇于攻坚的精神，非常规储层测井评价技术的突破必将成为勘探院深化院企合作攻克世界难题的又一案例。

2. 拓展远探测声波测井技术成果新应用

近年来，大庆川渝探区在二叠系取得了勘探突破，如何进一步扩大战果，推动勘探突破成为储量提交、由储量提交成为规模上产，对测井评价也提出了更高的要求。2019 年以来，笔者带领团队针对缝洞储层精细刻画、储层有效性评价、产能预测等难题开展攻关，形成了一套基于岩石物理相分类的碳酸盐岩储层评价方法，助力了千亿方探明储量的提交。但是，在碳酸盐岩储层岩石力学评价、弱云化白云岩储层刻画等方面还需要进一步攻关。笔者来到勘探院测井所后，积极与所里专家进行交流讨论，针对碳酸盐岩储层的特点，就电成像测井和阵列声波测井等特色处理解释技术的深化应用方面提出了油田的需求，并根据油田需求和测井所专家一起对大庆油田重点探井进行了精细处理解释。2022 年 10 月，合深 401 井、合深 402 两口重点开发井完钻，钻遇的白云岩储层展布和发育情况是关注的重点，由于是大斜度井，地层界面对远探测声波测井解释带来多解性。笔者与李潮流、刘鹏等专家反复讨论，通过高精度横波反射波分步提取、克希霍夫叠前深度偏移成像、过井资料对比分析等技术实施，最终实现了对井外缝洞反射体的精准识别，为射孔层选择和试气方案的编制提供了有力支撑，两口井均获得了 200 万立方米以上的高产。

在塔东古探 1 井的解释过程中，笔者与项目组人员共同解释，明确了礁滩岩溶体的走向，为侧钻提供了有力的依据。经过几个月的努力，充分发挥电成像与远探测声波相结合的储层有效性评价作用，实现了从一孔之见到远井筒的综合解释，为油田的生产提供了有力技术支持，远探测声波测井资料处理解释方法也得到了进一步推广，勘探院的技术与油田需求实现了更好的结合。

3. 助力 CIFLog 软件油田生产应用新业态

对于测井评价来说，一套好的处理解释软件不仅能够提高油层的解释精度，还能大幅提高工作效率。2018 年，换代升级后的 CIFLog2.0 软件在基础平台、单井精细处理、多井综合评价等方面展现技术优势，笔者积极与李宁院士团队联系，将 CIFLog 软件引进到大庆油田勘探开发研究院推广应用。来到勘探院测井所后，团队负责人王才志将软件的研发历程、软件的底层架构、每个模块的研发过程和功能等对笔者倾囊相授，研发团队的每一名成员也就存在的难题和发展方向等与笔者进行深入交流。当时正值 CIFLog 软件研发团队针对大庆油田实际应用需求进行功能完善的关键阶段，笔者充分发挥自己在测井处理解释方面的经验，对大庆油田实际应用需求进行了深入分析和总结，针对 CIFLog 平台成像、核磁、声波、最优化等处理模块提出了具体的改进建议，与研发团队一道对软件整体功能进行升级完善，并将已经形成的页岩油测井评价方法进行快速集成。为了确保软件升级后的应用效果，笔者组织大庆油田技术人员进行了系统测试，通过对相关技术的多次迭代优化，最终完全达到国外权威软件的处理水平。2022 年 8 月 11 日，CIFLog3.1 软件在大庆油田正式安装投用，油田研究院一次性换装 45 套，夯实了 CIFLog 软件在大庆油田勘探开发研究院主流软件地位。

CIFLog3.1 软件在大庆油田换装后，并没有停止迭代、升级的脚步。为了让软件在油田各领域的测井评价中进一步提高质效，与软件研发团队共同设计与推动了基于 CIFLog3.1 的碳酸盐岩储层测井评价模块、水淹层测井解释模块，并已取得实质性进展，年内将开展测试应用。同时，针对老油田有大量测井资料的情况，为了将这些井建立规范化、标准化的成果库，满足精细建模要求，并进一步与地质认识进行深度融合，深化储层、沉积、油藏认识，实现地质目标的精细刻画，笔者谋划并积极推动测井综合评价大数据平台的建设，成为集团公司项目《CIFLog 测井处理解释工作化云应用平台建设》中的主要工作内容。在李宁院士的带领下，国产大型测井解释软件实现了弯道超车，打造基于 CIFLog 的测井评价生态系统，已成为大庆油田与勘探院一起合作的共同目标。

（二）文化交融，携手攻关，全面提升人才队伍能力

文化交融，提升研究团队凝聚力。企业文化对企业的生存和发展起着举足轻重的作用，是企业的精神支柱和动力源泉，笔者来到勘探院的第一周就参观了中国石油勘探开发研究院成就展，了解勘探院 60 多年来的辉煌成就，人才成长和党建文化丰碑，学习了勘探院“儒雅、厚重、勤勉、求实、创新、包容”的文化内核，以及“探索、求实、创新、实践”的特色精神。在感受体验勘探院浓厚的学术氛围、融洽的科研环境同时，也把大庆精神（铁人精神）形成的历史背景、成为中国共产党人精神谱系之一的历史阶段等内容向身边的同事进行交流，对“三老四严”“三个面向、五到现场”“三超精神”等内容进行讲解，通过文化交流，身边的年轻同事对大庆油田老一辈石油工作者的艰苦付出、大庆油田的物质和精神贡献、大庆油田正在推进的3000万吨原油高质量稳产等有了更深刻的认识，对于两家单位都一脉相承的大庆精神（铁人精神）产生了共鸣，文化的共鸣夯实了协力攻关的基础，提升了团队成员团结奋斗，形成了共克时艰的强大凝聚力。

技术交流，拓宽研究团队全球视野。作为中国石油的顶级研究机构，勘探院的研发平台有着丰富的技术交流资源，挂职以来笔者参加了《全球油气勘探开发形势及油公司动态（2022年）发布会》《IOC油田生产工作经验分享交流会》《海外中心碳酸盐岩油气勘探开发技术交流会》等大型会议，参加了中油测井组织的测井科技高端论坛、核磁共振测井技术专题讨论会，并组织研究团队与斯伦贝谢、中海油服、长城钻探等公司开展技术交流。通过技术交流与分享，了解了全球油气勘探开发的热点领域、研究对象、技术发展趋势；了解了国际石油公司的三级管理工作模式，业务流、数据流、软件流一体化的工作管理平台；了解了国内同行的研究方向和技术现状，尤其是核磁测井等新技术的处理解释方法，拓宽了研究团队的全球视野，开阔了攻关方向和发展思路，进一步激发创新灵感，从而更好地应对全球化的挑战。

携手攻关，激发研究团队理论创新。通过揭榜挂帅、项目合作等模式，大庆油田与勘探院共同组建研发团队，针对页岩油、智能解释等瓶颈技术开展攻关，在水平井测井解释方面，原来的软件设计主要是针对完钻后的水平井测井资料开展综合解释，但页岩油水平井需要随钻跟踪进行综合分析，针对现场需求，在大庆油田挂职的刘英明带领测井所研发团队及时研发了自动获取数据、自动计算地层倾角等功能，水平井测井解释系统日趋完善；针对智能解释综合平台建设，根据测井解释成果库的显示需求重新设计了底层数据库的架构，完善了数据管理模式；针对大斜度井、水平井井周储层发育情况的需求，研发水平井反射波提取技术，丰富了远探测声波测井解释系统。在双方的共同努力下，解决了油田一个个生产难题，加快了研究团队创新的步伐。

（三）优势互补、资源共享，助力中国石油测井学科体系建设

2022年8月18日，李宁院士在测井学科建设会上指出：“学科发展是立院之本，是确立学术地位之根、造就人才梯队之基、引领行业发展之道，赓续石油精神之魂。”学科建设既包括专业技术的发展，也包括团队人才的培养，测井学科建设是中国石油测井专业的系统工程，勘探院测井专业人才以高精尖测井处理解释技术研发、岩石物理实验室建设、测井工业软件研发为主，具有学历层次高、研发能力强的特点，但是人员较少，既要针对专业瓶颈技术开展攻关，又要面向各油田解决生产难题，测井学科建设的人才缺口较大。

因此，有必要将各油田的测井专业技术人员同步纳入整体学科建设中，优选油田种子选手作为培养对象，培养一批与勘探院技术人员实力相当的专业人才，作为油田与勘探院的技术桥梁，充分发挥各油田的技术力量，构建集团层面整体设计，总院带头、油田互补、特色研发的测井学科建设格局，围绕学科关键核心技术开展高水平攻关，积极打造测井领域创新高地与原创技术策源地。在《中国石油工业测井发展简史》《地球物理测井学》等专著的编撰过程中，大庆油田的测井技术人员积极参与，将其融入测井学科建设中，接下来将进一步与勘探院紧密结合，谋划大庆油田的测井学科发展，争取为中石油测井学科的建设作出应有的贡献。

三、小结

勘探院与大庆油田实施的院企双向挂职锻炼是聚焦高素质、探索领导干部培养选拔工程的重要举措，在实施过程中突出面向基层、突出人才培养、突出成果转化、突出优势互补，通过一年实践，在专业技术、项目管理、企业文化等方面实现了全面融合，挂职成效显著。

一是院企双向挂职锻炼推进了科技创新，助力页岩油、碳酸盐岩、智能解释等集团公司重点关注领域的研究成果取得突破性进展，勘探院的技术影响力和支撑力得到持续增强。

二是加快了成果转化，院企双向挂职锻炼强化了“推广应用－意见反馈－快速完善”的螺旋式迭代升级方式，CIFLog 软件核心功能实现了持续升级完善和快速推广应用，以其为核心的测井生态系统正快速构建，CIFLog 品牌将越做越强、越做越亮。

三是提升了人才素质，通过双向交流，测井专业人员的战略眼光、国际视野、自主创新能力等方面得到了加强，对于测井人才培养、形成良性发展的人才接续梯队具有重要意义。

总之，院企双向挂职锻炼是人才强院战略的重要举措，拓宽了青年干部培养渠道，激发了青年干部创新活力、通过理论与实践的紧密结合提高了青年干部综合素质，从而助推中国石油勘探开发水平达到世界水平，为人才强院战略的深入推进提供了宝贵经验。

参考文献：

[1]《中国石油"人才强企工程推进年"高点起步 行稳致远》，《北京石油管理干部学院学报》2022 年第 2 期。

[2] 杨华：《深入实施人才强企战略举措全力打造能源与化工领域人才高地》，《石油组织人事》2022 年第 4 期。

[3] 谢芳：《推动人才强企工程落地的三个着眼点》，《北京石油管理干部学院学报》2021 年第 4 期。

[4] 窦立荣：《深入实施人才强院"六大工程"推动世界一流研究院建设迈上新台阶》，《石油组织人事》2022 年第 9 期。

[5] 温婕：《石油销售企业开展双向挂职的实践思考》，《企业改革与管理》2016 年第 11 期。

[6] 孙成岩、吴文锋、石成亮等：《双向挂职练人才企地融合促发展》，《石油组织人事》2022 年第 6 期。

[7] 田野：《人才强企撑起世界一流梦——中国石油 2021 年领导干部会议侧记》，《中国石油企业》2021 第 7 期。

挂职锻炼为人才强院建基固本

李　楷

干部挂职，是指党政机关、企事业单位源于培养锻炼目的，按照一定标准，经过特定组织程序，选派干部到其他地区、其他部门担任一定职务，参与挂职单位实际工作，具有固定工作期限的干部交流制度。经过多年的实践和发展，干部挂职制度作用日益凸显，目的更加明确。

加强挂职锻炼有助于培养干部的实际工作能力，提高其综合素质。机关的一些年轻干部虽然理论知识丰富、工作能力较强，但个人经历单一，从家门到校门再进机关门，对地方和基层情况不熟悉。而到下级部门挂职可以增加对基层工作的认识体会，锻炼实际工作能力，加深挂职人员对一线实践的了解。基层干部到上级机关挂职，则可以拓宽挂职人员的视野，增强大局意识，提高自身政策水平和管理能力。而到其他地区挂职，则可以学习先进的工作方式和理念，更新工作思路。

一、挂职锻炼的重要意义

（一）挂职锻炼是集团公司人才强企的重要方式

中国石油在拓展方式复合培养方面，建立了“旋转门”人才培养制度，每年从总部、企业选派优秀业务骨干，开展企业与政府、总部与基层、国内与海外、科研与生产等跨企业、跨部门、跨专业轮岗交流，推动人才有序流动、快速成长。择优选派具有发展潜力和提升空间的年轻骨干到生产一线、艰苦地区、核心业务中挂职锻炼。

在大力培养青年技术人才方面，制定了集团公司和企业两级专家人才接替计划，建立后备人才数据库，实施动态培养管理；面向35岁以下优秀青年人才，建立科研院所与企业双向挂职培养制度，鼓励科研院所青年英才到重大项目接受实践锤炼，企业人才参与重大攻关，加快青年人才成才速度，早日担纲领军攻关重任。推行代表性成果评价，营造青年人才脱颖而出、挂帅攻关的浓厚氛围，形成科研事业后继有人的良好局面。计划到“十四五”末，培养青年科技英才规模达到1000人。

（二）挂职锻炼在集团内部取得显著成效

长庆油田从制度上健全完善了科研与生产、机关与基层、技术与管理骨干人才双向挂职培养制度，助力青年人才加速成长。2022年8月23日公开遴选三级管理人员挂职锻炼，集中选拔124名优秀年轻干部，平均年龄29.9岁，油气新能源主营业务单位人数占比达到96%，规模大、范围广、层级多、结构优，在长庆油田尚属首次。这样的挂职锻炼，是长庆油田加大年轻干部培养力度，积极为年轻干部磨砺意志、增长才干搭建平台的方式之一。近年来，长庆油田坚持把年轻干部培养选拔作为战略性工程来抓，贯彻落实集团公司领导干部会议相关要求，结合实际出台《人才强企工程实施方案》《关于选拔优秀年轻干部进行挂职锻炼的通知》等文件，明确年轻干部培养选拔目标任务、具体举措，各基层单位也先后发布计划，为年轻干部培养选拔提供有力制度保障。

大庆油田近年来始终重视青年技术人才培养，通过强化顶层设计，实施“私人定制”培养计划，全力做好青年技术人才培育和培养工作。3年多来，大庆油田共有4人被确定为集团公司石油科学家培育对象，54人被列入集团公司青年科技英才培养人选，3名青年科技英才出国访问研修，7名青年科技英才参加集团公司能力素质提升培训，4名培育对象签约集团公司“石油科学家培育协议”。先后推荐3批79人被列为集团公司青年科技人才培养人选，2022年协调与勘探开发研究院互派5名优秀青年技术人才开展为期1至2年的挂职锻炼。培养人选在基础研究、理论创新等方面均有较大提升，在关键核心技术创新和科研成果转化方面贡献突出，共有22人晋升专业技术序列岗位职级，20人被选拔任用到领导岗位，5人被聘为学术带头人、技术带头人。同时，精心选派推荐政治立场坚定、责任心事业心强、有培养前途和发展潜力、工作表现突出的青年技术人才参加中组部、国务院国资委和集团公司要求的博士服务团服务锻炼。

辽河油田2019年选派科研单位青年技术骨干到生产单位挂职锻炼，受到科研与生产单位一致好评。2021年，在“单向挂职”的基础上，辽河油田公司党委组织部（人事部）创新人才培养模式，首次尝试采取“双向互派”方式，选派科研单位青年技术骨干到生产单位挂职，提升现场实践能力；同时选派生产单位青年技术骨干到科研单位挂职，参与专业技术研究，提升科研攻关能力。目前，“双向挂职”已成为辽河油田公司青年技术人才培养的有效载体，党委组织部（人事部）构建了“一揽子”的政策保障机制，对挂职人员进行“一对一”跟踪辅导、全方位的支持保障、全过程的考核评价，让挂职人员出得去、留得住、干得好，把“双向挂职”打造成人才交流、联合攻关、成果共享的平台，为辽河油田公司高质量发展提供人才支撑。

二、个人收获与思考

（一）个人收获

挂职对于个人而言，不只是在新的单位、新的岗位快速融入环境、迅速发挥作用，及时搭建桥梁，还要有所学、有所思、有所得。

自 2022 年 8 月 15 日入职以来，笔者快速融入采油采气工程研究所，参与了采油采气重点实验室规划建设、低产液井绿色智能间抽、小修作业自动化电动化等工作，围绕鄂尔多斯盆地套损井预防与治理、侏罗系套管腐蚀机理与防腐对策、新型腐蚀监测技术，促成了采油所与长庆油气院联合攻关的局面，获得采油所 2022 年度“先进工作者”荣誉称号。

1. 感受到更为浓厚的科研氛围和更为严谨的治学态度

勘探院作为中国石油上游产业科研攻关的最高学府，拥有提高采收率国家重点实验室等多个重量级平台，高等级、高水平人才云集，在院内随时可以遇到院士、首席、教授等技术大家，从日常的接触中，能够明显感受到他们严谨治学的态度和科学家精神，他们胸怀华夏爱党爱国，求真务实勇攀高峰，淡泊名利潜心研究，敢为人先甘为人梯。年轻的科学家们也是奋马扬鞭，有时都凌晨时分了，仍有不少实验室和办公室灯火通明。院士们尚且如此，我等晚辈生在科研基础更为扎实、科研环境更为优越、科研条件更为便利的现代，岂能游手好闲浪费青春？

2. 学到更为深入精准地研究解决问题的思路和方法

在油田工作遇到的大都是围绕生产的问题，科研工作也都整体偏现场应用，更多的是基于工艺问题和工程问题，在科学问题上思考得不够深入，存在应用在前，研究在后的现象，甚至在一些非常贴近一线的工作中，依据经验的做法更为普遍。

而在勘探院，整体非常严谨，无论是机理研究，还是形成技术对策，都首先从科学角度深入分析，找准问题的本质关键，将问题回归到最基础的科学理论，再从根源上针对问题的机理挖掘解决的机理，从机理中逐步形成工艺、技术和对应的参数条件。整个研究链条理论严谨、数据充分，具有非常强的说服力和先进性。通过在具体工作中的历练和思考，我学到了科学严谨的研究思路，学会了如何深入剖析问题，优化了自己解决问题的方法论，从知其然上升到其所以然。

3. 学到更为开阔的科研和管理视角

笔者2005年毕业于天津大学化学工程与工艺专业，同年就职于长庆油田。工作的第一站是在长庆石油勘探局工程技术研究院，在这个单位的6年中，笔者学到了如何站在服务方的角度收集问题、分析问题、研究问题、解决问题；第二站是长庆油田超低渗透油藏研究中心、第三站是长庆油田油气工艺技术研究院，在这6年里，我学到了如何站在油公司的角度做到"地质和工程、科研和生产、经营和管理"三个一体化；第四站是长庆油田页岩油产能建设项目组，在这4年中，我体会到了一线生产单位在产量任务、安全环保责任方面的巨大压力，习惯了压力下准军事化的工作作风。

直到第五站——勘探开发研究院采油采气工程研究所，由于之前的16年一直从事压裂相关工作，对于采油采气只是了解皮毛，在学习所里先进技术和兄弟油田典型做法的同时，我很快感受到了自己工作思路的狭窄。以前工作视野和重心基本都停留在自己的专业上、一口井一个区块或一套层系上，很少从国家战略、集团规划部署、多专业融合多学科交叉层面去深入思考，在这个平台，采油采气考虑的不仅仅是单项工艺，还结合着国家"双碳"政策、集团公司"两化"要求、勘探开发一路的"四个革命"，都是站在总部油气和新能源工作视角去规划、设计、研发、服务。这些高屋建瓴的工作思路和方法，是我在油田环境中很难学习到的。

从一个油田的门外汉逐步走到今天，这些经历说起来比较复杂，但本质上都是非常难得的机会，特别是在勘探院挂职学习的一年，让我突破了"闭门造车、坐井观天"的局限、深刻体会到了"高度决定视野，角度改变观念"的差距。

(二) 认识与思考

挂职锻炼，是国家人才强国战略、中国石油人才强企工程、勘探院人才强院的一条重要途径，也是一项重要的人事改革制度，对于员工综合素质的快速成长、对于集团公司人才战略的高效推进都有着巨大意义，结合个人工作体会与所见所闻，有以下几点认识和思考。

1. 个人要提高认识，珍惜难得机会

中国石油党组及其下属单位党委对挂职工作特别重视，作出系统详细的安排，不论是对挂职单位，还是对挂职的同志都提出了很高的标准。要求各单位给挂职干部明确具体的分工和工作职责，根据挂职人员的专业、经历、学历、年龄等情况，制定针对性的挂职锻炼方案，并且有意识地交任务、压担子，使他们在急难险重任务中锻炼提高。要求每一名挂职干部本着对自己负责、对单位负责的态度，提高党性修养，提高认识觉悟，珍惜难得机会，全力发挥作用，全面提升能力。

作为挂职干部，要积极主动作为，在不同的工作环境中多经历几场风吹雨打、多啃几根“硬骨头”、多接几回“烫手的山芋”、多当几回“热锅上的蚂蚁”，在打硬仗、扛重活、攻难关中练出一身真功夫。

2. 单位要严格要求，落实真抓实干

挂职锻炼的目的是增长阅历、开拓视野、提升本领。但在现实中，个别挂职干部在新单位抱着不求有功、但求无过的工作态度，“挂职”成了“挂名”。杜绝此类现象的发生，首先要让挂职者摆正心态，弄清自己究竟为何去挂职，通过挂职要学到些什么，如果仅仅是把挂职当成过场或跳板，自然就不可能沉下心来。因此，一定要在挂职前、挂职中做好思想教育，让挂职者真正把挂职工作当成事业认真对待。

正确处理干部挂职期间与原单位和挂职单位的关系。原单位和挂职单位要做到合理安排挂职干部的工作任务，既不能让挂职干部在挂职单位觉得无所事事，又不能让原单位过多的分散挂职干部的精力。原单位、上级主管部门和挂职单位三者之间要努力形成合力，建立科学有效的考核、监督与评价机制，杜绝干部挂职期间存在“走过场”心理和“混日子”表现，让挂职干部在挂职锻炼的过程中，能够真正做到有所学、有所得和有所用。

四、小结

挂职期间，笔者深刻感受到了勘探院忠诚担当的政治本色、浓厚的科研氛围、严谨的治学态度、无私的育人精神。接触到了领域内的最新进展，强化了科学设计、追求本质、精益求精的研究思维，学习了科学解决问题的技能手段，掌握了问题复杂化和简单化的有机平衡。通过对各油田技术现状、典型做法的了解，思路得以开阔，观念得以拓展。通过参与板块领导组织的一些具体工作会议，近距离地理解、领会、感悟公司层面的管理视角，对个人思维全局性、战略性的提高，个人科研视角的提升发挥了巨大作用。未来，我将努力发挥总院和长庆的桥梁纽带作用，推动更多的专业开展现场调研和技术研讨，将更多的现场问题和需求带回来，将院里更多的科研智慧和重点产品推广应用到长庆。

参考文献：

[1] 曾兴球：《走科技强企之路 用创新驱动发展——祝贺中国石油天然气集团有限公司2021年科技与信息化创新大会召开》，《石油商报》2021年9月22日。

[2] 徐斌等：《聚焦国际翘楚 打造世界一流——中国石油勘探开发研究院实施人才强院战略纪实》，《石油商报》2022年4月25日。

在项目中拓视野增能力

曹　军

国以才立，业以才兴。中国石油勘探开发研究院（简称勘探院）坚持以习近平新时代中国特色社会主义思想为指导，积极贯彻落实新时代党的组织路线和中国石油人才强企战略举措，坚持人才是第一资源理念，大力推进人才强院、技术立院、文化兴院和开放办院"四大战略"，培养造就具有国际水平的战略科技人才、科技领军人才和高水平创新团队，为创建世界一流研究院、支撑基业长青的世界一流企业建设、保障国家能源安全提供坚实人才保障。

与油气田企业开展双向挂职锻炼是勘探院人才强院战略的重要举措之一。笔者作为长庆油田青年技术人员，有幸被选派到勘探院挂职锻炼一年，结合挂职期间的工作、学习、生活情况及切身感受，深刻认识到挂职锻炼工作的必要性和重要意义，本文总结分享挂职锻炼中的收获及经验，对技术干部挂职锻炼制度提出一些思考和建议，期望能更加完善这一人才培养制度，推进人才强院战略发展。

一、挂职锻炼工作背景及意义

（一）挂职锻炼是实施新时代人才强国战略的重要举措

在2021年9月召开的中央人才会议上，习近平总书记提出要深入实施新时代人才强国战略，加快建设世界重要人才中心和创新高地，强调把培育国家战略人才力量的政策重心放在青年科技人才上，指出要造就规模宏大的青年科技人才队伍，为做好新时代人才工作提供了顶层设计和战略指引。

现在很多青年人才都是"三门人才"，指从家门、校门、单位门一路走来，虽然掌握了很多知识，但缺乏实践经验。因此，在人才培养过程中，要注重增加人才实践学习，拓宽人才培养渠道，最大限度地提升人才的综合素质与实践能力，在创新实践中发现人才、在创新活动中培育人才、在创新事业中凝聚人才。

勘探院青年科研工作者学历高、素质高、理论水平高，但现场经验普遍不足，借鉴干部挂职制度，建立与油气田企业双向挂职制度，打通与油田企业和海外地区公司人才双向交流通道，选派优秀技术干部到油田现场去实践锻炼，是贯彻实事求是思想路线的重要举措。

（二）挂职锻炼是中国石油人才强企工程的战略部署

面对新阶段、新形势、新使命，立足长远、系统谋划，中国石油集团首次以组织人事工作和人才强企工程为主题召开领导干部会议，以工程思维推进落实《人才强企工程行动方案》（简称《方案》），确立人才引领发展战略地位，遵循“四个坚持”兴企方略、“四化”治企准则，牢固树立“创新是第一动力、人才是第一资源”“没有人才一切归零”人才理念，大力实施“十大人才专项工程”，全面提升人才价值，构建完善“生聚理用”人才发展机制，深化人才发展体制机制改革，培育造就高端人才、稳定壮大关键人才、激活用好现有人才、战略储备接替人才、加快引进紧缺人才，以强大人才优势支撑引领世界一流综合性国际能源公司建设。

《方案》明确提出建立人才双向交流制度，根据培养需要选派骨干人才到其他单位担任相应职务，重点开展科研生产双向交流锻炼，加大人才跨单位、跨地区、跨专业锻炼力度，以科研项目、技术应用等为依托设置交流岗位，让科研单位人员深入生产现场，进一步丰富科研单位人员的实践经验；让生产企业人员了解科研攻关流程，进一步增强科技创新意识。中国石油组织部分科研院所、生产企业作为双向交流试点单位，以科研项目为依托设置一定数量的交流岗位，以项目周期为依据科学设定交流时长，建立“岗位蓄水池”，持续完善人才双向交流期间的配套保障机制。

（三）挂职锻炼是实现勘探院人才强院战略的重要途径

2022年是中国石油“人才强企工程推进年”，以此为契机，勘探院深入贯彻落实国家和集团公司关于组织和人才工作的重要思想，以《方案》为抓手，积极践行新时代组织和人才路线，编制《勘探院推进人才强院工程实施方案》，凝心聚力擘画建设世界一流研究院新蓝图，实施人才强院、技术立院、文化兴院和开放办院“四大战略”，以工程思维全力推进组织体系优化提升、石油科学家锻造、创新团队汇智、领导干部培养选拔、超前紧缺与国际化人才集聚、考核分配机制深化改革等“人才强院六大专项工程”，构筑世界一流研究院智力高地。

石油科学家锻造专项工程主要聚焦高端人才队伍建设和青年人才提速成长。建立勘探院和油田企业双向挂职培养制度，推行“人才＋项目”培养模式，鼓励青年英才到重点项目中经受历练。挂职干部走出勘探院，在油气田生产一线把理论知识应用于生产实践，把油气田现场的生产难题提炼成科研问题攻关反哺生产。同时，一批优秀的油气田企业干部走进勘探院，开拓视野、提升理论水平。这种双向挂职交流，有利于青年干部的快速成长，成为勘探院人才强院的重要手段。2022 年，勘探院选派 13 名青年骨干赴油气田企业挂职，并接收 6 名油气田企业年轻干部来院挂职，引导优秀人才在实践中成长。

二、挂职锻炼管理的主要举措

勘探院牢牢把握新时代好干部标准和正确选人用人导向，以锻造引领发展、堪当重任的“三强”干部队伍为目标，聚焦“选育管用”，扎实推进双向挂职锻炼工作，提速青年人才成长，夯实人才强院根基。

（一）坚持党管人才——选才有方

突出政治引领，坚持党对人才工作的总体领导，确保人才工作方向明确，路线正确，推动有力，落实有效。勘探院党委高端重视对挂职干部的遴选推荐，按照“政治素质好、政治立场坚定、忠诚党的事业、德才兼备、具备培养前途和发展潜力、拥有一定领导工作经验和实际能力”的标准，结合勘探院中长期发展规划及油气田开发形势，通过基层党组织民主推荐、院党委会审查研究的程序，“相马”与“赛马”有机结合，识准人才、选好人才、把准各领域高潜质人才和关键人才，确保选出来的挂职干部能放心、信得过、靠得住。

（二）完善培养体系——育才有道

一是始终坚持理论学习和实践锻炼相结合的方式，着力抓好领导干部提素赋能。挂职干部人事关系不变，党组织关系编入挂职单位党支部，参加党组织生活，接受党组织的管理监督。二是将实践锻炼作为干部成长的重要平台，推动形成培养性挂职锻炼、关键岗位干部交流相结合的交流模式，双向挂职干部既有企业专家、一级工程师，也有二三级工程师，挂职岗位既有二三级技术管理岗位，也有项目研究支撑岗位，构建多层次人才梯队，促进了一大批优秀年轻干部经风雨、见世面、壮筋骨、长才干。三是落实接收单位锻炼培养的主体责任，根据挂职干部从事专业、发展潜力不同，坚持把合适的人挂职到合适岗位，提高挂职工作“人岗相适、人事相宜”匹配度，按“一人一策、因材施教”原则，注重发挥各级专家师带徒作用，一对一建立干部挂职锻炼方案，明确指导老师及职责、挂职干部培养方向、岗位职责、任务考核目标等。

（三）强化组织监督——管才有术

一是用制度管人。干部挂职期间的日常管理以勘探院为主，原单位配合，挂职干部要严格执行廉洁自律有关规定，每季度填报《挂职锻炼工作情况表》，向原单位和勘探院报告工作情况，同时报党组组织部备案。二是用文化管心。勘探院始终以“儒雅、厚重、勤勉、求实、创新、包容”的文化理念，营造

“三简”“三宽”的工作环境，为挂职锻炼工作注入人文关怀，时刻关心挂职干部的生活、学习和工作情况，鼓励挂职干部积极承担科研项目、编制方案，对挂职干部放心、放手，对其在工作中可能出现的问题、失误予以适当宽容，并及时对其进行纠正，使挂职干部放下包袱、轻松上阵，真正得到锻炼。三是积极宣传引导，通过院网、中国石油报、专家访谈等多种形式，加强对挂职干部事迹的报道，树立先进标杆，正向激励引导。

（四）创新思路方法——才尽其用

一是推进“人才＋项目”培养模式，鼓励青年英才到重点项目中经受历练。根据挂职干部工作经历、特长，明确重点参与的科研项目，大力支持挂职干部领衔开展重大项目攻关，要铺路子更要压担子，促进挂职干部提速成长。二是推行“人才＋工程”培养模式，突出生产现场锻炼，丰富实践经验，以新区开发方案和老区调整方案为抓手，让挂职干部在学中干、在干中学。三是突出技术交流锤炼，提升综合素质。利用勘探院的大平台，积极为挂职干部搭舞台，强化多方式对外技术交流，打造具有国际视野的战略型人才。

三、挂职期间的收获和感受

（一）挂职锻炼开拓技术干部的思路视野

笔者在长庆油田一直从事低渗透油藏稳产研究相关工作，在 17 年工作中积累了大量生产经验的同时，难免也形成了思维定式，创新的意识和动力日趋匮乏。挂职到勘探院油田开发所，参与低渗透课题研究工作，站在更高的平台，让笔者能系统了解国内外低渗透油田的开发情况、技术发展趋势，全面掌握松辽、渤海湾、准噶尔等其他盆地低渗透油藏的开发特征、主体技术，深入学习大庆油田精细水驱、吉林大情字油田小井组 CCUS、准东火烧山油田“二三结合”等新技术、新模式，并编撰了论文《中国石油低渗透油藏开发形势及技术方向》。思想得到了解放，观念进一步更新，固化思维被启迪，拓宽了视野格局，更让笔者能够跳出长庆看长庆，发现问题，探寻稳产上产潜力，对今后的工作大有裨益。

（二）挂职锻炼增长技术干部的业务本领

笔者重点参与了股份公司《低渗透油藏提高采收率机理与开发技术研究》项目研究，在郝明强副所长、王友净专家带领的技术团队指导帮助下，精细解剖检查井资料，进一步深化了低渗透不同类型油藏长期水驱后微观渗流机理、物性变化特征、水驱特征和开发规律认识。参与了《玉门环庆 96 区开发方案研究》，在刘卓老师的帮助和指导下，系统学习了建模、数模方法，掌握了

Petrel RE地质工程一体化软件的应用。参与了行业标准《油田开发水平分级》的修订完善，调研了国内低渗透油藏的开发状况和开发评价方法，完成了低渗透砂岩油藏水驱开发水平分级指标与界限的制定，对国内外低渗透油藏的开发也有了更系统全面的了解。

（三）挂职锻炼有利于勘探院文化软实力的增强

勘探院高度重视文化兴院战略，传承弘扬石油精神和石油科学家精神，继承发扬石油优良传统，构建“创新、进取、和谐、开放”的企业文化体系，打造具有油气科研特色和勘探院鲜明特征的企业文化品牌，以文化新动能助推高质量发展。

通过双向挂职锻炼，勘探院的优秀干部怀揣先进的技术理念，驻扎油气田一线，解决现场技术难题，理论与实践相结合，践行“实践是检验真理的唯一标准”的同时，油气田企业也能亲切感受到勘探院的技术实力、“三讲”（讲忠诚，讲奉献，讲亲和）、“三做”（做高形象，做亮岗位，做大贡献）的优良传统。油气田优秀干部来到勘探院，与勘探院专家们一起组成“三跨”团队，开展技术攻关，感受到勘探院“儒雅、厚重、勤勉、求实、创新、包容”的文化内核。一年的锻炼交流，笔者切身感受到勘探院领导专家们的谦逊博学，课题组同事们的勤勉务实，在与刘卓老师一起开展巴彦兴华1区地质建模时，刘卓总说：“建模是个良心活，跑软件流程容易，但精准的地质认识很难，我们要科学严谨，‘宁要模糊的正确，不能要精确的错误’。”这种求真务实的精神早已融入每个勘探院人的精神血脉。

（四）挂职锻炼有利于勘探院和油气田企业的融合交流

勘探院和油气田企业可以发挥挂职干部的桥梁纽带作用，精准搭建对接协作平台，促进科研机构与生产企业的深度融合交流协作，在研发需求确定、技术思路明确、现场实验落实、成果推广应用等方面更好地形成合力。

挂职锻炼期间，笔者参与了长庆姬塬、靖安油田压舱石工程项目，协助与油田沟通对接，梳理分析了8个先导试验区的动静态资料，研究明确了注采系统调整、裂缝梯次充填封堵、中相微乳液驱等技术方案思路。参与了《长庆油田中长期稳产上产规划》方案编制，协助与油田沟通对接资源、稳产、上产技术潜力及方向，科学论证规划方案。

四、几点建议

（一）完善挂职干部选拔体系

一是结合本人意愿、所在单位党组织意见、年度考核情况、个人专长和年龄知识结构，综合分析、严格筛选、择优确定挂职人选，不符合条件的坚决不选，达不到要求的坚决不派。二是将自上而下的供给式挂职，调整为自下而上的需求式、订单式挂职。根据挂职单位的实际工作需要，有针对地选派干部挂职，确保挂实职、负实责、见实绩，避免“挂而不用”现象。三是建立勘探院挂职岗位清单，明确岗位职责、业务能力需求、培养方向等，为来勘探院挂职锻炼的油气田企业干部提供指导，有利于科学配置人岗资源，实现人尽其才、才尽其用。

（二）完善挂职干部监督管理体系

一是明确挂职接受单位的考核职权、细化考核指标，避免“干挂”“虚挂”现象。二是派出单位要定期督查挂职干部的履职情况、思想动态。三是建立关怀机制，挂职干部工资待遇由派出单位发放，受派出单位奖金考核制度等影响，挂职期间业绩难考核，往往按最低标准给予工资待遇，这个问题应该协调解决。要做好人文关怀和思想引导，积极了解挂职干部挂职期间的工作生活情况，及时帮助其解决后顾之忧。同时，接受单位可制定适当的激励保障制度，结合挂职干部履职情况予以精准的考核奖励。

五、小结

高素质专业化人才队伍是支撑建设世界一流研究院、世界一流综合性国际能源公司的根本保障。勘探院始终坚持把人才作为最重要的战略资源，树立人才优先发展的理念，大力实施人才强院工程，注重挂职干部的“选育管用”，取得显著效果。对挂职干部个人而言，挂职锻炼有利于拓宽视野、增长本领、提速成长；对勘探院而言，挂职锻炼有利于加强与油气田企业的融合交流、有利于勘探院技术硬实力和文化软实力的增强。

参考文献：

[1] 窦立荣：《以工程思维推动石油科技人才工程建设——以中国石油勘探开发研究院为例》，《北京石油管理干部学院学报》2021 年第 28 期。

[2] 窦立荣：《深入实施人才强院“六大工程”推动世界一流研究院建设迈上新台阶》，《石油组织人事》2022 年第 9 期。

[3] 王海涛、周宝银、田杰、陆明、霍然：《着力打造高素质干部人才队伍，推动现代化能源企业高质量发展》，《石油组织人事》2022 年第 7 期。

后　记

当这本《谱写人才高质量发展新篇章》编辑成册后，一个个鲜活的挂职干部形象跃然纸上。他们以自身经历描绘出一幅幅探油找气的“实景图”，这其中的故事平凡却感人；他们展现出新时代的大庆精神（铁人精神）、石油科学家精神，令人尊敬、赞叹；他们几年来成长的足迹，深深地印在了准噶尔盆地、鄂尔多斯盆地、四川盆地、柴达木盆地、松辽盆地，他们用实际行动书写着人才强企、人才强院的绚丽篇章。

挂职锻炼对于企业和挂职干部而言是双赢战略。近两年来，勘探院把科研业务骨干选派到油气田企业，油气田企业把复合型人才选派到勘探院，人才双向流动，带动了基础研究与应用研究更上台阶。两年间，他们先后经历思想淬炼、政治历练、实践锻炼和专业训练。一个“练”字体现他们从“生”到“熟”的进程；一个“炼”字凝聚他们从“脆”到“韧”、从“杂”到“纯”、从“软”到“硬”的涅槃。思想的淬炼，让他们坚定理想信念、提升格局视野；政治的历练，让他们把提高政治站位，增强“四个意识”、坚定“四个自信”、做到“两个维护”；实践的锻炼，帮助他们解决“知行”和“可行”的问题；专业的训练，助推他们实现了破茧成蝶的蜕变。谈及挂职经历，他们都饱含深情，无比骄傲和自豪。他们有个共同的心声——我为祖国献石油，只有在油气生产一线或勘探院历风雨、见世面、解决实际生产环节的难题，科研工作才有生命力和价值。

随着我国油气资源劣质化程度加剧，油气勘探正由中浅层向深层、超深层进军，由常规向非常规进军，能源转型加速，需要更多的科研业务骨干脱颖而出。挂职交流为他们的成长提供了平台、搭建了桥梁，他们在各自的岗位上“静其心而观天下之事，平其心论行业之变”，以自己不懈的努力及开拓性思维，在找寻新方向和新目标的道路上稳步前行。他们珍惜时光、快速成长，毅然决然的行动及始终坚定的目光，必将产生最富有效益的科研成果。

为保障国家能源安全贡献石油科技力量，是挂职干部的使命与担当，他们必将不负时代，不负重托！